HANDBUCH

DER

MINERALÖL-GASBELEUCHTUNG

UND DER

GASBEREITUNGS-ÖLE

VON

F. N. KÜCHLER
IN WEISSENFELS (THÜRINGEN).

ANLEITUNG
FÜR DEN
BAU UND BETRIEB DER MINERALÖL-GASANSTALTEN.
ZUM PRACTISCHEN GEBRAUCHE.

MIT 21 LITHOGRAPHIRTEN TAFELN.

MÜNCHEN.
DRUCK UND VERLAG VON R. OLDENBOURG.
1878.

Inhalts-Verzeichniss.

Vorwort.

Bei der Ausdehnung — die die Oelgasbeleuchtung im letzten Decennium gewonnen hat, und bei den thatsächlich noch häufig vorhandenen Vorurtheilen und der Unkenntniss hinsichtlich dieses vorzüglichen Leuchtgases, hat sich das Bedürfniss mehr und mehr herausgestellt, eine ausführliche, sachliche Abhandlung über die Oelgasfabrikation und Beleuchtung zu besitzen. — Wenn ich es nun unternahm — vorliegendes, kleines Werkchen über diesen Gegenstand zu verfassen, so konnte ich Mangels jeder Unterlage nur aus eigener Erfahrung und spärlichen fachgenössischen Mittheilungen schöpfen und so ist das vorliegende ein Erstlingswerkchen geworden, wozu alle Daten recht mühsam zusammengesucht werden mussten. Viele würden es wohl besser verstanden haben, und ich hätte es wahrlich Anderen gerne überlassen; — möchten recht bald berufenere Federn folgen. — Die vorliegende Schrift ist so abgefasst, dass deren Inhalt auch dem Laien verständlich sein wird und ihm als Leitfaden bei der Bewirthschaftung von Oelgasfabriken dienen kann oder zur Orientirung bei der Wahl des Beleuchtungsmittels. Sämmtliche in dem Werkchen enthaltenen Zahlen, Skizzen und sonstigen Angaben sind auf langjährige, praktische Versuche und Erfahrungen gegründet.

Weissenfels, im Januar 1878.

F. N. Küchler.

Geschichtliches.

Die Oelgasbeleuchtung ist gewissermassen die älteste Gasbeleuchtungsart; denn Talg, Wachs- und andere Lichter, unsere primitivste Küchenlampe bis zur neuesten und vollkommensten Petroleumlampen-Construction sind doch im Grunde nichts anderes als kleine Gaserzeugungsapparate, wobei durch Wärme eine Umsetzung fettiger oder ölig-flüssiger Körper in Dampf erfolgt, der unmittelbar verbrannt wird; es lag daher sehr nahe, solche Stoffe in Gasform zur Beleuchtung zu verwerthen. — Die Oellampe hat sich auch bald zum förmlichen Gaserzeugungsapparat ausgebildet, nachdem man anfing, sehr flüchtige Oele zur Lampenspeisung zu verwenden, und die unmittelbare Benutzung des Dochtes unterblieb, indem man das Oel ausserhalb des Brenners durch Erwärmung verdampfte und sofort zur Verbrennung in Dampfform in die Flamme eintreten liess. Die älteste derartige Lampenconstruction ist die Lüders-dorff'sche „Dampf-" resp. „Gaslampe", in welcher 1 Volumen Terpentinöl und 4 Volumina Alkohol verdampft und verbrannt werden. Eine ähnliche Lampe construirten Lilienfeld und Lutscher, bei welcher der Brenner auf einer durchbrochenen Metallscheibe steht, an die heran der das Oel zuführende Docht reicht. Wird nun die Metallscheibe beim Anzünden durch ein Streichholz erwärmt, so verdampft das an derselben stehende Oel, strömt durch die Löcher der Metallscheibe als Dampf aus und verbrennt in einer, dem Schnittbrenner des Leuchtgases gleichenden Flamme, deren Wärmeentwicklung das Oel fortgesetzt verdampft. Solche Dampflampen waren aber hauptsächlich eine Folge der Erschliessung zahlreicher und verhältnissmässig sehr billiger, ausserordentlich leicht flüchtiger Oele, namentlich Producte der Theer- und Erdöl-Destillation; es war schon weit früher bekannt, Leuchtgas aus Steinkohlen zu bereiten, bevor man, so weit überhaupt bekannt, flüssige Stoffe benutzte, wenngleich z. B. Erdöle schon zu Alexanders des Grossen Zeit bekannt und zur Beleuchtung benutzt waren. Man kannte auch schon, vor 150 Jahren ungefähr, in Galizien Erdölquellen, scheint aber dort eine Verwerthung des Erdöles nicht verstanden zu haben, denn noch 1855, als man das galizische Erdpech oder Erdwachs zu Asphalt-arbeiten gebrauchte, wurde das mitgewonnene Petroleum als werthlos verschleudert. Erst Ende der 50er Jahre, nachdem die Amerikaner das Erdöl in den Welthandel brachten, gewann das Petroleum seine jetzige Bedeutung. Während Murdoch im Jahre 1792 schon Kohlengas zur Beleuchtung praktisch verwendete, scheint erst 23 Jahre später Oelgas benutzt worden zu sein, wenigstens datirt aus dieser Zeit — aus dem Jahre 1815 — ein englisches Patent John Taylor's über Oelgasbereitung; — damals führten auch die Städte Liverpool, Hull und andere die Oelgasbeleuchtung ein; — sie erhielt sich jedoch aus ökonomischen Gründen nur kurze Zeit. — Man hat damals auch wohl mehr die Vergasung thierischer und vegetabilischer Fette und Oele im Auge gehabt, während Erdöle zu jener Zeit in England als Rohmaterial zur Gasbereitung jedenfalls Verwendung noch nicht gefunden haben. — Nach mehr als

40 Jahren erst wieder begegnet man in Amerika der Oelgasbeleuchtung; — ob dieselbe eine Folge der vorher erwähnten Dampflampen gewesen ist, oder aber, gleich wie beim Kohlengas (1667 bereits erwähnt Stirley eine brennende Quelle, die er ganz richtig auf die Kohlenlager in Wigan in Lancashire zurückführte) durch brennende Erdölquellen hervorgerufen wurde, vielleicht auch, und das wäre die einfachste Lösung, durch das Taylor'sche Patent veranlasst worden ist, lässt sich nicht bestimmen; unbestreitbar aber waren es Amerikaner, die die ganz in Vergessenheit gerathene Oelgasbeleuchtung wieder hervorgezogen haben; — hat man auch schon sehr früh Oele in Gas durch Destillation verwandelt, wie solches neben Taylor auch White that, welcher Oele und Harze zur Bereitung von carbonisirtem Wasserstoffgas benutzte, so hat man damals doch sicherlich bei der geringen Erdölproduction und da die Mineralöle weit später fabrikationsmässig in grossen Mengen dargestellt wurden, nicht daran denken können, der Oelgasbeleuchtung die Ausdehnung zu geben, die dieselbe heute schon besitzt. Hätte man nun auch lediglich Erdöle als Vergasungsmaterial besessen, so würde die Oelgasbeleuchtung sicherlich auf die Länder beschränkt geblieben sein, die einen gewissen Erdölreichthum besitzen. Aber schon früher, als sich in Amerika so reiche Erdölquellen erschlossen, entwickelte sich die Mineralöl-Industrie in Europa mächtig und gerade sie führte dem Markte immer bedeutendere Mengen Nebenproducte zu, die sich späterhin als vorzügliches Vergasungsmaterial erwiesen, wegen deren Verwerthung man aber gleichwohl vorher in nicht geringer Verlegenheit gewesen sein muss. In Deutschland waren es zuerst Riedinger und Hirzel, die Oelgasbeleuchtung einführten; ihnen folgten Ellenberger-Bellot, Suckow und Andere; — auch in den Kreisen der Mineralölindustriellen Deutschlands regte man sich energisch, und unter ihnen verdient namentlich „Hübner" Erwähnung, der durch Construction der stehenden Retorte die Oelgasbereitung weiter ausbilden half. Bei der engen Verwandtschaft der Erd- mit den Mineralölen war es natürlich, dass man je nach Lage des Landes und seiner Producte das Vergasungsmaterial wählte — so benutzte Riedinger in Süddeutschland Schieferöl, — Suckow das galizische und südrussische Erdöl; — in England vergaste man Theeröle aus den Schieferkohlen- (Boghead) Destillationen u. s. w. — Obgleich man nun mit Hülfe der langjährigen kohlengas-technischen Erfahrungen eine sehr schnelle Entwicklung der Oelgasbeleuchtung hätte erwarten können, so arbeitete sich dieselbe doch nur sehr langsam aus ihren Anfängen heraus.

Ein Mal war man über die Menge des vorhandenen Rohmaterials noch sehr im Unklaren und dann waren die ersten Oelgaserzeugungsapparate so ausserordentlich unzureichend construirt, dass sie schlecht functionirten und Betriebsstörungen unablässig eintraten. — Von den Gasfachmännern unbeachtet gelassen, bemächtigten sich auch Leute der Neuheit, die ohne jegliche Kenntniss des inneren Zusammenhanges der Gasbereitung natürlich die Sache mehr schädigten als förderten; andere, besser geschulte Männer verbargen ihre Erfahrungen und wenigstens theilweise besseren Constructionen, die freilich lange Zeit auch nur ganz mittelmässig waren, denn selbst gebildete Chemiker glaubten mit dem einfachen Destillationsprocess in der Retorte die Sache erledigt zu haben. — Condensations-, Wasch- und Reinigungsapparate erachtete man kaum für nöthig oder stellte doch nur einen einfachen Cylinder oder Kasten auf, welcher Verdichtung und Reinigung des Gases nicht oder doch nur sehr unvollkommen bewirken konnte. — So machte die Oelgasbeleuchtung nur sehr langsam Fortschritte — die Kohlengasbeleuchtung dominirte noch überall. Erst Ende der 60er und Anfang der 70er Jahre wurde die Einführung des Oelgases eine allgemeinere, nachdem der ausserordentliche Aufschwung der Industrie und die zunehmende Wohlhabenheit das Bedürfniss und Verlangen nach guter Beleuchtung hervorriefen und nachdem die Erbauung von Oelgasanstalten durch eine grössere Anzahl von Firmen in die Hand genommen wurde. So entstand bald eine grosse Anzahl von Oelgasanstalten in mehr und mehr verbesserter Construction, und heute zählt man in Deutschland — Oesterreich — der Schweiz — Belgien — England — Frankreich — Italien — Scandinavien und Russland weit über 1000 Oelgasfabriken in mittleren und kleinen Städten, in Fabriken, auf Bahnhöfen, in Kranken- und Irrenheilanstalten und für kleinste Verhältnisse in Landhäusern. Hieraus geht unleugbar hervor, dass das Oelgas das einzige Leuchtgas ist, das neben dem

Kohlengas erfolgreich concurriren kann und welches die weiteste Verbreitung gefunden hat. Holz-, Torf-, Harz- etc. Gasfabriken, welchen eine so grosse Zukunft prophezeit wurde, sind heute nur noch ganz einzeln anzutreffen und eine abgethane Sache. Lässt es sich aber auch nach alledem nicht mehr in Frage stellen, dass die Oelgasbeleuchtung eine ganz immense Bedeutung gewonnen hat, so muss es Wunder nehmen, dass man noch heute auf mannigfache Vorurtheile gegen dieses vorzügliche Leuchtgas stösst und dass selbst ein grosser Theil von Kohlengas-Fachleuten ihm ein unüberwindliches Misstrauen entgegensetzt. — Die Gastechnik ist lange schon eine Wissenschaft geworden, sie ist aber lediglich der Kohlengasindustrie zu Gute gekommen, die Oelgastechnik wird in allen Gasfachzeitschriften etc. mit wenigen oberflächlichen Worten abgethan, — sie ist in der That ein Stiefkind geblieben. — Wird auch die Oelgasbeleuchtung nie die Bedeutung gewinnen, welche die Kohlengasbeleuchtung jetzt schon einnimmt, so ist sie doch sicherlich berufen, das Kohlengas in vielen Fällen zu ersetzen und zu verdrängen, — das ist ja auch bereits eine Thatsache geworden, der man sich kaum mehr verschliessen kann und um derentwegen es geboten erscheint, diesem wichtigen Theile des Gasbeleuchtungswesens ein allgemeineres Interesse zu schenken, zumal die Anwendung und Verwerthung des Oelgases eine weit vielseitigere ist als die des Kohlengases.

Die Rohmaterialien zur Oelgasbereitung.

Man kann alle öligen — fettigen Stoffe vergasen; — sind nun schon an und für sich animalische — vegetabilische Stoffe wenig zur Gasbereitung geeignet, so verbietet sich deren Anwendung auch schon aus ökonomischen Gründen; man wendet daher auch solche Stoffe nur bedingungsweise an, wenn sie, wie z. B. die Seifen- und Walkwässer der Kammgarn- und Tuchfabriken, als sonst werthloser Abfall, Suinter (Suintergas), erhalten werden, und vergast in der Hauptsache nur Erd- und Mineralöle, d. s. Petroleum, Naphtha, Braunkohlentheeröle, Schieferöle etc. Es gibt kaum ein Land, wo diese Producte nicht vorkommen. Alle Erdöle sind den aus Theerölen gewonnenen Mineralölen ähnlich und wie diese wesentlich aus flüssigen Kohlenwasserstoffen zusammengesetzt. Das wichtigste Vorkommen von Erdölen ist das nordamerikanische in einer Ausdehnung von über 10 Breitegraden; — auch Canada, Californien und in Südamerika Peru, die Argentinische Republik, Bolivia und Trinidad liefern Erdöl. In Asien producirt allein Rangun am Irawaddy jährlich 3 Millionen Centner. China ist gleichfalls sehr reich an Erdölen; in Mesopotamien fehlt es fernerhin nicht und ausserordentlich ergiebig sind im Kaukasus und an der Ostküste des Caspi-Sees die Erdölquellen; — allein die Brunnen auf der Halbinsel Apscheron liefern jährlich 6 Millionen Pud Oel. Das in Afrika auch mannigfach vorkommende Erdöl ist gegenüber dem amerikanischen noch nicht zur Geltung gekommen. In Galizien zieht sich das Erdölgebiet 2 bis 3 Meilen breit am Gebirge hin, dort werden aus den Gruben von Boryslaw allein jährlich an 100,000 Centner Erdöl und 45,000 Centner Erdpech (Ozokerit) gewonnen. Auch Rumänien hat bedeutende Erdölquellen und in Italien produciren allein die Minen von San Giovanni Incarico jährlich 65 bis 70,000 Centner. In Hannover, Braunschweig, Bayern, in England-Schottland, Frankreich, Spanien, Griechenland, der Schweiz fehlen ebenfalls Erdöle nicht. Im Jahre 1872 betrug die Erdölproduction Nordamerikas 7,394,000 Barrels, weit über 20 Millionen Centner, davon wurden 1 Million Centner als Rohpetroleum und 500,000 Centner Naphtha und Destillations-Rückstände ausgeführt. — Das sind erdrückende Zahlen und doch ist man heute noch gar nicht im Stande, den Erdölreichthum auch nur annähernd zu taxiren. Bedenkt man zudem, dass sich viele Erdöle überhaupt nicht zur Lampenspeisung eignen, sondern, wie z. B. das italienische, hauptsächlich nur zu Gaszwecken verwerthen lassen, so hat man schon aus den Erdölquellen so grossartige Mengen Rohmaterial zur Gasbereitung, dass ein Mangel daran bei denkbar grösster Ausdehnung der Oelgasbeleuchtung heute überhaupt nicht abgesehen werden kann. Die Oelgasbeleuchtung deckt aber ihren Bedarf aus diesem Erdölreichthum bis jetzt nur zum allerkleinsten Theile, das thun in Europa mehr als hinreichend die Mineralöle, beziehentlich die bei deren Gewinnung miterhaltenen Nebenproducte. Solche Nebenproducte produciren Schottland, England, Frankreich, Deutschland etc. in grossen Mengen. In 1876 z. B. hat die Production im Regierungsbezirk Merseburg nahe an 450,000 Ctr. Mineralöl betragen, darunter weit über 100,000 Ctr. nur zur Gasbereitung vortheilhaft verwerthbarer Oele; ein annähernd gleiches Quantum Gasbereitungsöle producirt eine einzige Fabrik in Schottland. Nun beträgt aber der jährliche Oelbedarf von einer Normal-Oelgasflamme pro Jahr nur circa 65—70 Pfund, man könnte also mit 1 Million Centner Oel circa 1 ½ Millionen Gasflammen jährlich speisen; die sämmtlichen Gasanstalten von Deutschland und Deutsch-Oesterreich besassen aber im Jahre 1868 nur 2,166,000 Privat- und 129,500 öffentliche Flammen. Hieraus lässt sich sehr leicht berechnen, dass in obigen beiden Ländern erst dann ½ Million Ctr. Oel gebraucht wird, wenn ungefähr ⅓ Theil sämmtlicher in Deutschland und Deutsch-Oesterreich vorhandenen Flammen mit Oelgas gespeist werden würden. — Nun steigt aber die jährliche Erd- und Mineralölproduction viel schneller als der Verbrauch an Vergasungsmaterial. Die Oelgasanstalten absorbiren heute überhaupt noch nicht 3 % der Gesammt-Erdöl- und Mineralölproduction; Mineralöle aber lassen sich aus einem grossen Theile der vorhandenen Braunkohlen und aus allen Boghead-, Schiefer- und ähnlichen Kohlen destilliren, ganz abgesehen von der immer mehr zunehmenden Oelproduction aus den bituminösen Schiefern Deutschlands, Frankreichs, Italiens etc. Allerdings sind nicht alle Braunkohlen bituminös, pyropissithaltig genug, um bei dem heutigen Stande der Mineralöltechnik mit so grossem Vortheil verarbeitet zu werden wie z. B. die sächsisch-thüringische Schweelkohle, indessen die Technik wird sich auch in dieser Hinsicht vervollkommnen und man wird auch, wenn erst die Nothwendigkeit dazu drängt, weniger bitumenreiche Kohlen vortheilhaft verschweelen lernen. Braunkohlen aber finden sich in allen Ländern in noch nicht bemessener Ausdehnung vor, — am ausgedehntesten in Deutschland und Polen; — man berechnet eine Ausdehnung dieses Beckens von den Hügeln und Bergländern Mittel- und Ostdeutschlands bis zur Nord- und Ostsee, ferner zwischen Niemen und Düna reichend, auf 4—5000 ☐ Meilen. In der Mark und Lausitz allein 800 ☐ Meilen, damit steht in Zusammenhang das sächsisch-thüringische Becken. Ausgedehnte Lagen finden sich vor in Böhmen, Oberhessen, Niederhessen, Rhön, dem Westerwald, Niederrhein, vom Siebengebirge bis Aachen, Düsseldorf. Auch in Mähren, Oberschlesien und Ungarn gibt es Braunkohlen, das Becken in letzterem Lande reicht bis Kärnthen und Steyermark; Oberösterreich, Südfrankreich, Italien, Algerien, Nordamerika, Japan, die hinterindischen Inseln besitzen Braunkohlen und so reichen dieselben über die ganze Erde. Die Befürchtungen, dass Vergasungsöle ein Speculationsartikel werden möchten, sind nicht eingetroffen, die Preise für diese Oele sind mit der Nachfrage nicht gestiegen, sondern billiger geworden; man konnte auch hierbei die Beobachtung machen, dass, einmal begehrt, das Angebot überaus reichlich hervortrat. Bei dem Umstande nun, dass in der Hauptsache alle Länder aus eigenen Mitteln Erd- oder Mineralöle über den Selbstbedarf produciren und die Ueberproduction zum Theil auf fremde Märkte werfen müssen, werden auch die Vergasungsöle nie einen nicht naturgemässen, im Verhältniss zu anderen Beleuchtungsstoffen höheren Preis kosten. Im Jahre 1877 z. B., in welchem die sächsisch-thüringischen Vergasungsöle einen sehr hohen Preis hatten, konnte man in Mitteldeutschland gleich billig schottische Oele vergasen.

Es kosteten im October desselben Jahres:

Sächsisch-thüringische Gasöle per 50 kg incl. Fass Mk. 8. 25 frei Weissenfels a/S.

Schottische   „   „   „   „   „   Mk. 6. —   „ Hamburg.

Württemberg. Schiefer-   „   „   „   „   „   Mk. 9. —   „ Reutlingen.

Italienische   „   „   „   „   „   Mk. 5. 50   „ Neapel.

Italien erhebt auf Mineral- und Erdöle einen Zoll von 9 Frcs. per 50 kg (Eingangszoll), trotzdem sind die einheimischen Erdöle ausserordentlich billig im Lande selbst erhältlich, weil eben die Nachfrage das Angebot nicht erreicht. Man kann aus alledem die Frage: Ist immer ausreichendes und billiges Vergasungsmaterial zur Oelgasbereitung vorhanden? — nur bejahen.

Vergleichung der gebräuchlichsten Beleuchtungsmittel.

Am Geeignetsten zur Gasbereitung hat sich, wegen seiner chemischen Zusammensetzung, das amerikanische Erdöl erwiesen, wie folgende Tabelle zeigt, in die auch andere Leuchtgasarten aufgenommen worden sind zur Darstellung des allseitig höchsten Lichtwerthes des Oelgases.

Gasart	Kohlenwasserstoff		Kohlen-oxyd	Wasser-stoff	Kohlen-säure	Stickstoff	Specif. Gewicht	Leuchtkraft, die Newcastel Pelt als 100 gesetzt
	schweres	leichtes						
Holzgas	10,57	33,76	37,62	18,05	—	—	0,65—70	122,4
Torfgas	9,52	42,65	20,33	27,50	—	—	0,60—63	108
Newcastelgas . . .	9,68	41,38	15,64	33,30	—	—	0,45	100
Bogheadgas . . .	24,50	58,38	6,58	10,54	—	—	0,62	302,7
Petroleumgas . . .	31,60	45,70	—	22,70	—	—	0,80—82	420,8
Mineralölgas . . .	28,91	54,92	8,94	6,41	—	0,82	0,78—80	395,7

Die Leuchtkraft der verschiedenen Gase mit flüssigen und festen Leuchtstoffen vergleicht Marx in seiner sehr übersichtlichen Tabelle, welche hier theilweise wiedergegeben wird, wie folgt:

Leuchtstoff	Verbrauch per Stunde		Lichtstärke Normalkerzen
	in Gramm	in Liter	
Normalwachskerze	7,75	—	1
Stearinkerze, 5 = 1 Pfd. . .	9,95	—	1
Paraffinkerze	7,20	—	1,1
Amerikanisches Erdöl . . .	15,10	—	3,2
Schieferöl	14,50	—	3,0
Photogen	14,30	—	3,0
Räböl	19,90	—	2,8
Kohlengas	—	127,35	10,0
Petroleumgas	—	28	12,2
Mineralölgas	—	28	11,3
Bogheadgas	—	28	9,8

2*

Aus der vorstehenden Tabelle kann man annähernd die Beleuchtungskosten der verschiedenen Beleuchtungsmittel berechnen, wenn man den Consum mit dem Einstehungspreise und den erforderlichen Lichtstärken multiplicirt — das Product aber mit dem Normalleuchtwerth dividirt; z. B. man benöthigt eine Beleuchtung von 500 Normalkerzen Leuchtkraft und will Petroleum anwenden, welches per 100 kg 40 Mk. kostet, so hat man:

$$\frac{15{,}10 \times 0{,}04 \times 500 = 3{,}02 \text{ Mk.}}{: 03{,}2} = 97 \text{ Pf. per Stunde Beleuchtungskosten,}$$

oder bei 500 Normalkerzen Oelgaslicht, wovon 1 cbm 70 Pf. kostet, so hat man:

$$\frac{28 \times 0{,}07 \times 500 = 9{,}80 \text{ Mk.}}{: 11{,}3} = 87 \text{ Pf. Beleuchtungskosten per Stunde.}$$

Eine solche Zusammenstellung und Berechnung kann natürlich nur das annähernde Verhältniss des Leuchtwerthes der einzelnen Leuchtstoffe zu einander und den Kostenpreis angeben, denn die Preise für die einzelnen Beleuchtungsarten sind überall verschieden und die Leuchtkraft der einzelnen Materialien ist nicht proportionell dem Consum.

42,2 Liter Erdölgas z. B. entwickeln 16 Normalkerzen Leuchtkraft,

28   „   „   schon   12,2   „   „

es fällt sonach die Leuchtkraft unverhältnissmässig mit der Consumsteigerung beim Gas — das umgekehrte Verhältniss dagegen tritt bei den Kerzen ein.

So erklärt es sich, dass man nur mit genau gegebenen Verhältnissen rechnen darf, wenn das Resultat ein richtiges werden soll.

Die Vergasungsöle.

Die hauptsächlichsten Vergasungsöle stellen sich nach Gasausbeute und Leuchtwerth wie folgt zusammen:

Oelart		Specif. Gewicht	Ausbeute von 50 kg in Kubikfuss engl.	Leuchtkraft von 1 cbf engl.
Amerikanisches Petroleum	raffinirt . .	0,780/782	1400 — 1500	12,2 Normalkerzen
	roh . . .	0,800/900	über 1100	11,5 — 11,8
	Rückstände	über 0,900	ca. 1000	11 ca.
Thüringische Paraffinöl-Rückstände	rothbraun . .	0,880/890	950 — 1000	11 — 12
	hellrothbraun	0,865/875	950 — 980	10,5 — 11,5
	Creosot . . .	über 0,900	600 — 620	9 — 9,5
do. von Schottland		„ 0,900	ca. 1000	11 ca.
Schieferöl (Reutlingen)		„ 0,900	ca. 1000	11 — 11,5
Rohpetroleum aus San Giovanni . . .		„ 0,960	ca. 800	10 ca.
Galizisches Rohpetroleum		—	ca. 1000	11 — 11,5
Thüring. rothbraun mit Hydrogen . . .		—	1300 — 1500	11

Petroleum und Hydrocarbongas gaben das meiste und beste Gas, Creosot — auch als Schwarzöl in den Handel gebracht — das wenigste und leuchtschwächste. Im Allgemeinen ist die Ausbeute und Leuchtkraft der Mineral- und Erdöle annähernd proportionell, soweit nicht Creosotöle angewendet werden. Die Temperatur der Retorten und deren Construction haben einen wesentlichen Einfluss auf Gasausbeute und Leuchtwerth, im Grossen und Ganzen aber werden Oele von nicht über 0,900 specifischem Gewichte am Geeignetsten sein.

Den Werth eines Vergasungsmateriales genau vorweg zu bestimmen, ist gar nicht möglich; das Beste und Sicherste bleibt immer: man probirt die Oele auf dem Gasapparat, ehe man sie kauft, und bestellt nur auf Grund der erhaltenen Gasungsresultate und nach dem specifischen Gewichte des probirten Oeles. Letzteres bleibt im Allgemeinen auch das Einzige, wodurch man sich vor Irrthümern oder Uebervortheilung zu schützen vermag. Zur Untersuchung auf das specifische Gewicht bedient man sich des Oelprobers und geht dabei wie folgt zu Werke:

Das zu wägende Oel wird in ein langes, cylindrisches Glas gefüllt, bis auf $+ 15^0$ C. gebracht und der Oelprober in die Flüssigkeit eingeführt. Am Prober befindet sich auf der einen Seite ein Thermometer, auf der anderen die 1000theilige Gewichtsscala. Der Scalatheilstrich, bis zu welchem der Prober in die Flüssigkeit einsinkt, resp. der Theilstrich, welcher mit der Oberfläche des Oeles abschneidet, zeigt die Höhe des specifischen Gewichtes an; dasselbe darf bei gutem Oele nicht um mehr als 10 pro mille differiren. Derartige Oelprober (Aräometer) erhält man bei jedem Mechaniker; die Glashütte von Greiner & Friedrichs in Stützerbach in Thüringen fertigt dieselben in grösster Genauigkeit.

Wie schon erwähnt, verdienen die Oele von ca. 0,900 specifischem Gewichte den Vorzug, weil sie die zur Gasbereitung am besten geeigneten Formen von Kohlenwasserstoffen ausmachen und die grösste Menge gasförmiger, schwerer Kohlenwasserstoffe entwickeln, die bekanntlich die Leuchtkraft des Gases hauptsächlich bedingen.

Leichtere Oele geben zwar grössere Gasvolumina, sie enthalten aber eine ganze Anzahl leicht flüchtiger Theile, die bei niedriger Retortentemperatur schon gasförmig werden, und die sich theilweise unter höherer Retortentemperatur wieder zersetzen oder wenn sie gasförmige Gestalt beibehalten, als leichte Kohlenwasserstoffe die Leuchtkraft des Gases nicht erhöhen. Es ist deshalb auch ein grosser Irrthum, den Werth eines Vergasungsmateriales lediglich nach seiner Gasausbeute zu beurtheilen.

50 kg helles, gelbes Paraffinöl von 0,860 specifischem Gewichte ergaben z. B. 1150 cbf Gas, davon hatten aber 1¼ cbf nur 9,5 Normalkerzen Leuchtkraft; ein gleiches Quantum rothbraunes Oel von 0,990 spec. Gewicht liess nur 990 cbf Gas, es besass aber davon 1 cbf 12 Normalkerzen Leuchtkraft.

Bei I war die Ausbeute 15 pCt. höher als bei II,
„ I „ „ Leuchtkraft 25 pCt. niedriger als bei II,
„ I „ der Consum 25 pCt. höher als bei II.

Es kosteten bei I (die 50 kg Oel à 8 Mk. gerechnet) 9,5 Normalkerzen 87/100 Pf., bei II dieselben 60/100 Pf.

Hieraus ergibt sich zur Beobachtung bei Gasungsversuchen:
1. die Gasausbeute,
2. die Leuchtkraft eines gegebenen Quantums Gas,
3. der Consum zur Erreichung einer bestimmten Lichtstärke.

In vielen Fällen wird man sich auf die vorhergegangene Tabelle beim Bezuge von Vergasungsölen stützen können. Die darin verzeichneten Resultate sind das Durchschnittsergebniss zahlreicher Gasungsversuche in ganz gleichen Retorten und so genau, als es überhaupt möglich ist, genaue, absolute Resultate bei einer Destillation zu erlangen, bei der die Retortentemperatur, Druckverhältnisse etc. von so grossem Einflusse sind.

Was die Feuergefährlichkeit der Vergasungsmaterialien anbelangt, so entzündet sich das explosibelste derselben — Petroleum — noch nicht bei + 50°; damit ist wohl allen Befürchtungen die Begründung genommen. Die Aufbewahrung der Oele geschieht am Einfachsten in der Art, dass man sie in Fässern gefüllt in die Erde so tief eingräbt, bis 1 Fuss hoch Erdreich als Bedeckung erlangt wird. Wo eiserne oder gemauerte, cementirte Bassins vorhanden sind, oder die Ausgabe für deren Anlegung nicht gescheut wird, kann man die Oele noch vortheilhafter in diesen aufbewahren und ausserdem durch Aufstellung einer Saug- und Druckpumpe, mit schmiedeiserner Rohrleitung, die Vergasungsmaterialien direkt auf den Retortenofen schaffen, wobei man Arbeit spart und noch mehr, Material. Man beziehe die Oele, so weit möglich, nicht im hohen Sommer bei Hitze, sondern zur kühleren Jahreszeit. Bei grosser Wärme lecken die Oelfässer sehr stark und der Verlust auf dem Transport ist ganz ausserordentlich gross.

Die Bestandtheile des Oelgases.

Das Oelgas ist farblos, sein specifisches Gewicht schwankt je nach Beschaffenheit des Rohmaterials und der Temperatur, bei welcher es producirt wird; es beträgt selten über 0,900.

Das Oelgas enthält an leuchtenden Bestandtheilen Elayl und Homologe, an nichtleuchtenden oder schlechtleuchtenden: Grubengas, Wasserstoff und Kohlenoxyd, an verunreinigenden: Kohlensäure, Schwefelwasserstoff, Sauerstoff und Stickstoff.

Das Oelgas erfordert zur Entzündung helle Rothgluth. Die Explosionsfähigkeit beginnt bei 1 Volumen Gas und 13 bis 18 Volumina Luft, sie hört auf bei 6 Theilen Luft auf 1 Theil Gas, sie ist am stärksten bei 14 Theilen Luft zu 1 Theil Gas. Schon $^1/_{10,000}$ Theil Volumen Gas in Zimmern etc. lässt sich durch den penetranten Geruch desselben, der von einem Gehalt Phenylsenföl herrührt, erkennen; — erst ca. 3 % Beimischung zur Zimmerluft sollen im Stande sein, bei längerem Einathmen einen Menschen zu tödten.

Die Prüfung des Oelgases in seiner quantitativen und qualitativen Zusammensetzung kann nur von sehr erfahrenen Chemikern erfolgreich vorgenommen werden. Die Ermittlung einzelner verunreinigender Gase im Oelgase dagegen ist sehr leicht ausführbar. Schwefelwasserstoffe z. B., welche am häufigsten im Oelgase vorkommen, Mangels genügender oder wegen falscher Reinigung, und welche unverbrannt, oder zu schwefeligen Säuren verbrannt, nachtheilig auf Farben, Metalle, ja sogar auf die Gesundheit wirken, lassen sich durch Bleizuckerpapier nachweisen. Hält man ein Stück von solchem angefeuchteten Papier in den Gasstrom, so wird es durch schwefelwasserstoffhaltiges Gas mehr oder weniger geschwärzt. In klarem Kalkwasser erzeugen kohlensäurehaltige Gase einen weissen Niederschlag. Zur Beurtheilung der Leuchtkraft des Oelgases dient das specifische Gewicht und zwar haben im Grossen und Ganzen schwerere Gase höheren Leuchtwerth. Die Leuchtkraft bedingt der Gehalt an schweren Kohlenwasserstoffen in erster Linie, aber auch das Vorhandensein an nichtleuchtenden, beziehentlich schlechtleuchtenden Gasen, die bei der Verbrennung einen wesentlichen Einfluss ausüben; denn man nimmt an, dass das Leuchten durch Zersetzung der schweren Kohlenwasserstoffe bei hoher Temperatur bewirkt wird, indem Kohlenstoffe, in feinster Gliederung ausscheidend, weiss glühen. Wasserstoff nun, ein nichtleuchtendes Gas, verbrennt mit ausserordentlich hohen Wärmegraden. Von grossem Einflusse auf die Lichtentwicklung ist ferner die angemessene Luftzuführung bei der Verbrennung; gerade letzteres hat

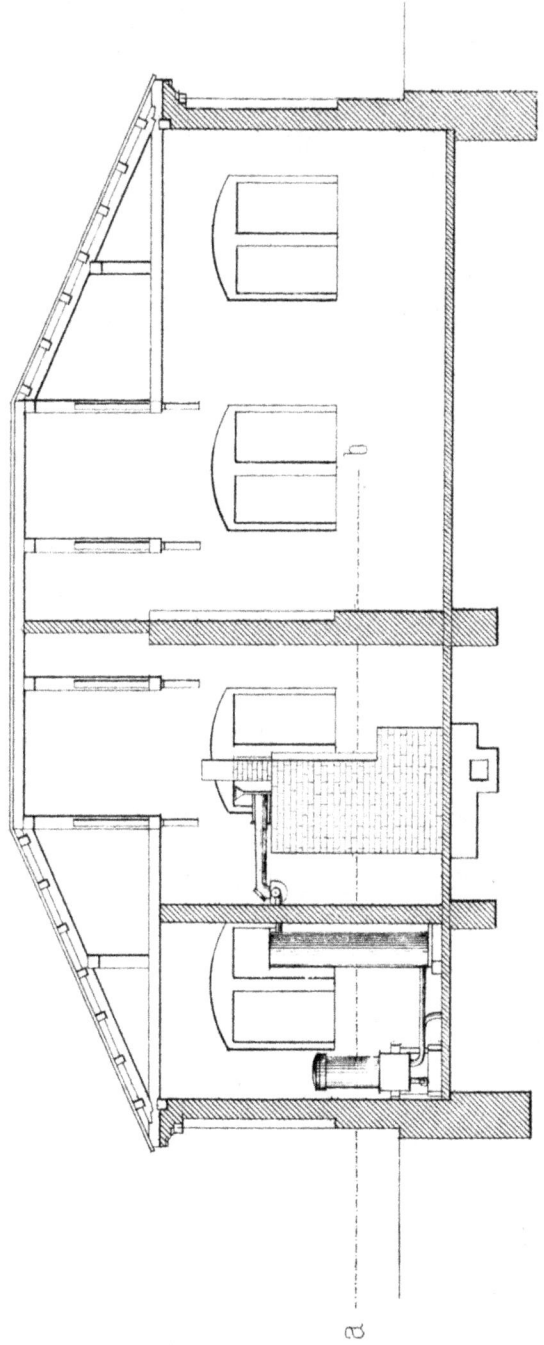

Diagramme A.
Vue
Sketch A.
View.

Maassh. 1 : 140
Echelle 1 : 140
Scale 1 : 140

Oelgasanstalt im Kesselhaus für 1000 bis 1500 Flammen.

Appareil à gas d'huile placé dans la maison de la chaudière suffisant pour 1000 à 1500 becs

APPARATUS FOR PRODUCING OIL-GAS IN THE BOILER ROOM, SUFFICIENT FOR 1000 TO 1500 FLAMES.

Diagramme A.
Plan.
Sketch A.
Plan.

1. Retort furnace
2. Recipient
3. Air condenser
4. Washer and scrubber
5. Purifier

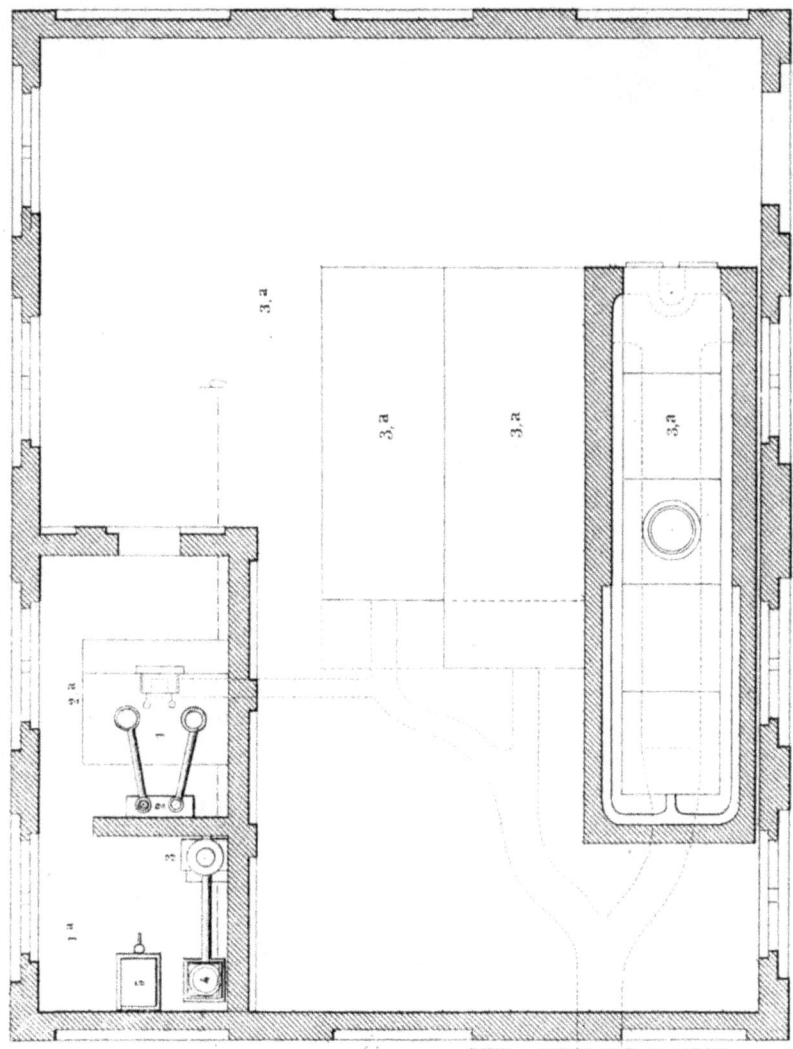

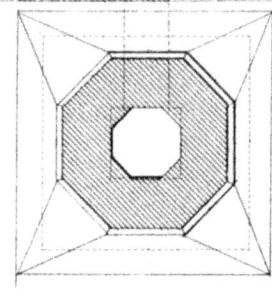

Maassh   1:140
Echelle   1:140
Scale   1:140

1ª Espace pour la purification   2ª Espace pour les cornues.   3ª Maison pour la chaudière et Chaudière.
1ᵇ Purification-room   2ᵇ Retort-room.   3ᵇ Boiler-room and Boiler

1 Retortenofen   2 Vorlage   3 Luftcondensator   4 Wasch u Scrubber   5 Reiniger

1. Four aux cornues.
2. Récipient
3. Condensateur à air
4. Laveur par l'eau et purificateur à de scrubber.
5. Purificateur à terre à chaux éteinte

Schornstein.
Cheminée.
Chimney.

Diagramme B
Coupe et vue selon a-b.
Sketch B.
Section and view after a-b.

Appareil à gaz monté à côté de la fabrique, suffisant pour 500 à 800 becs.
APPARATUS OF GAS ADJOINING THE FACTORY FOR 500 TO 800 FLAMES.

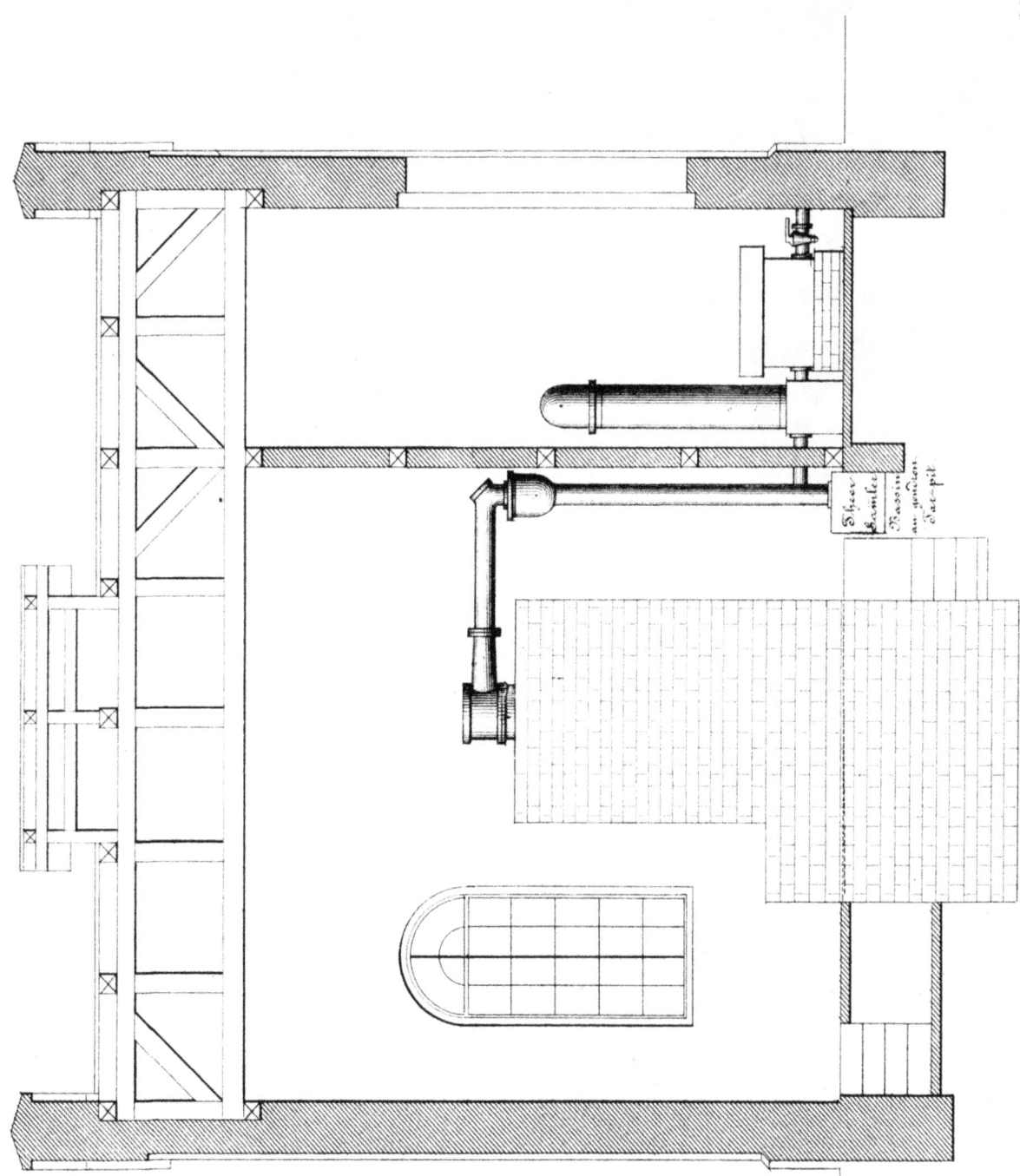

Maasst.   1 : 50.
Echelle. 1 : 50.
Scale.   1 : 50.

1 Retorten-Ofen
1 Four aux cornues
1 Retort-Furnace

2 Vorlage.
2 Recipient
2 Recipient

3 Wäscher mit Doppel Scrubber
3 Laveur avec une scrubber duple
3 Washer with double scrubber.

4 Reiniger.
4 Purificateur
4 Purifier.

Fabrik Gebäude
Fabrique
Factory

Schornstein
Cheminée
Chimney

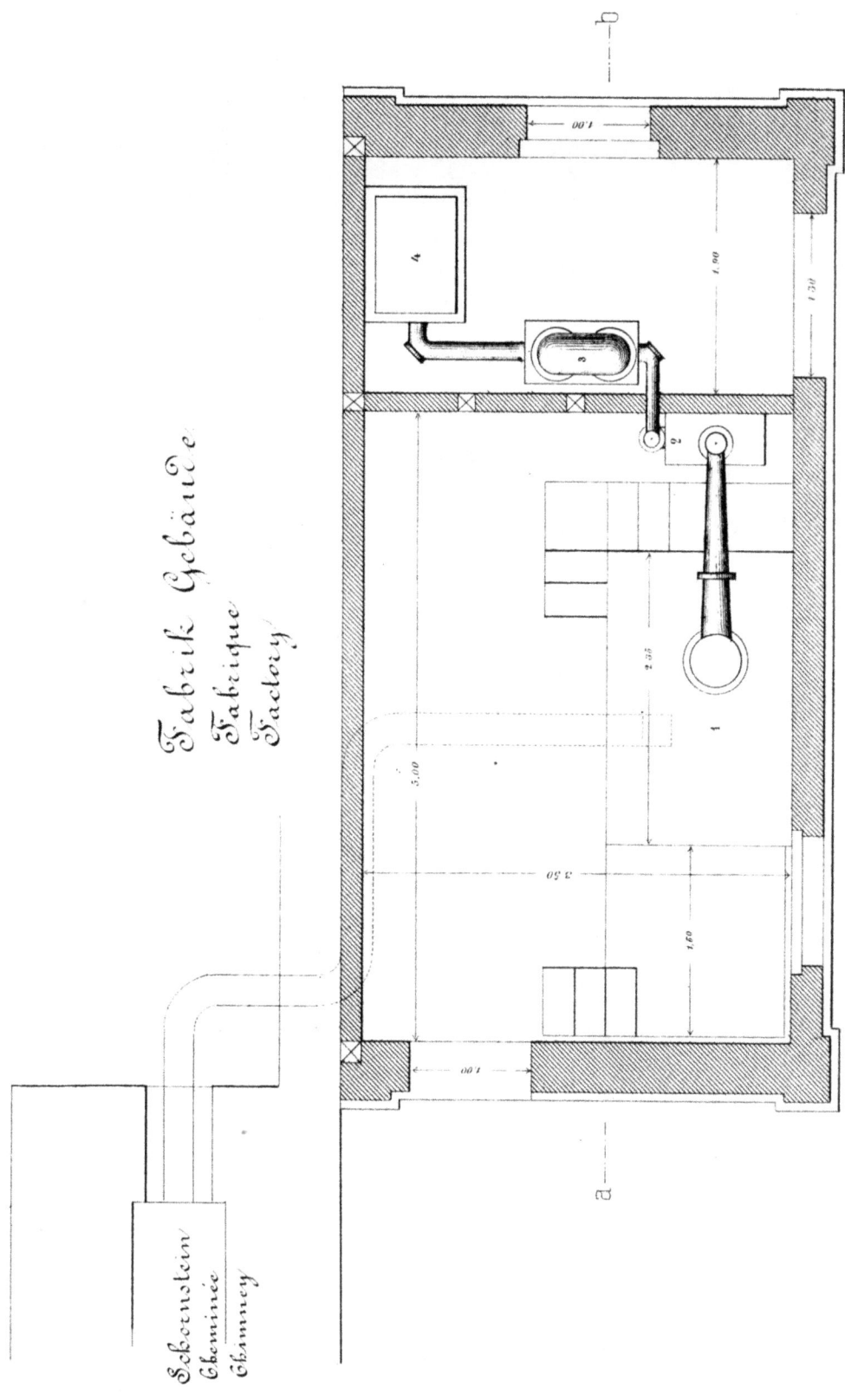

Maassstab   1 : 50
Echelle   1 : 50.
Scale   1 : 50

grosse Bedeutung für das kohlenstoffreiche Oelgas. Wird dasselbe in Lampen mit Argandbrennern bei ungenügender Luftzuführung verbrannt, so entwickelt sich Russ, gemischt mit halbverbrannten Kohlenwasserstoffen; bei Ueberschuss an Luft dagegen können sich die Kohlenstoffe gar nicht ausscheiden. Solche überschüssige Luft wird bei zu hohem Gasdruck erhalten; man hat deshalb auch die Brennervorrichtungen genau zu beobachten. Hierauf kommen wir bei Besprechung der Oelgasbrenner zurück.

Bestandtheile einer Oelgasfabrik.

1. Das Fabrikationsgebäude (Gashaus)
     mit a) Retorten- ⎫ Raum.
          b) Reinigungs- ⎭

2. Der Gasbehälter
     mit a) dem Bassin,
          b) der Glocke.

Das Gashaus. Ein solches besteht für Oelgasfabriken nicht immer als selbständiges Gebäude, weil die Einfachheit der ganzen Anlage und der Fabrikation, die Geringfügigkeit des erforderlichen Platzes und endlich die Leichtigkeit des Betriebes sehr häufig vorhandene kleine Räume zur Aufnahme der Retortenöfen und Apparate geeignet machen; es gilt das namentlich bei kleineren Privatgasanstalten.

Skizze *A* zeigt eine in ein Kesselhaus eingebaute Gasanstalt im Grundriss und Längenschnitt für 2 stehende Retorten mit Zubehör. Die eingezogenen Wände können in Backstein oder in Fachwerk ausgeführt werden, der Schornstein für die Kessel dient auch für die Retortenfeuerung. Die Anordnung ist so, dass einer der Kesselheizer zugleich auch die Gasfabrikation mitbesorgen kann. Je nach den baupolizeilichen Anforderungen kann man auch den Retortenofen ganz frei stellen, ohne Umwandungen. Der Zugang zum Reinigungsraum ist in vorliegender Skizze aus dem Retortenraum; derselbe kann auch an der Giebelseite von aussen angebracht werden. Wird die Anlage mit Zwischenräumen von 2 bis 3 Tagen im Winter betrieben, so kann man auch zur Erwärmung des Reinigungsraumes eine Dampfleitung in denselben einführen; das ist jedoch nur nöthig, wenn der Reinigungsraum vollständig vom Kesselheizraum abgetrennt ist; sonst schützt schon die Kesselhaustemperatur vollkommen vor dem Einfrieren der Wasserabschlüsse der Apparate.

Skizze *B* veranschaulicht ein, an ein bestehendes Fabrikgebäude angebautes Gashaus für eine stehende Retorte, mit Raum zum Anbau einer zweiten Retorte, worauf man eigentlich bei allen Gasbauten von vornherein Rücksicht nehmen sollte, weil eine einzige Retorte, namentlich bei der zeitraubenden Auswechselung der stehenden Retorte, beim Untauglichwerden sehr erhebliche Betriebsstörungen unvermeidlich macht und weil in den meisten Fällen das Lichtbedürfniss wächst.

Die Skizze *B* zeigt den Retorten- und Reinigungsraum vollständig getrennt, die Zwischenwand ist in Fachwerk ausgeführt. Das Dach des Gashauses, in Holz unter harter Dachung, hat einen Dachreiter zur Herbeiführung einer wirksamen Ventilation. Das Gashaus für stehende Retorten erfordert eine grössere Höhe, weil über dem Retortenofen nach oben Raum genug sein muss, um das in der Retorte hängende Einhängerohr herauszunehmen; zu diesem Zwecke ist es bequem, den Dachreiter über den Retorten zu construiren. Damit das Gashaus nicht zu hoch über Tag aufgeführt werden muss, fundirt man den Retortenofen etwas tiefer, und zwar so, dass die Feuerung mit dem Fussboden

abschneidet. Die Skizze *B* enthält die grösste der bisher construirten verticalen Retorten; Länge der
ganzen Retorte 3,25 m. Die ersten Theerabgänge werden im Retortenraum abgenommen „Theersammler", die im Wasch- und Scrubber-Apparat 3 noch abgesetzten Condensationsmassen führt man
durch einen Syphon verschlossen, am Vortheilhaftesten in 40 mm l. W. Gasrohrleitung, aus dem
Reinigungsraum ins Freie.

Probirhahn und Retortenmanometer bringt man im Retortenabgangsrohr an.

Skizze *C* ist ein selbständiges Gashaus, geeignet für Städte, Bahnhöfe etc., überhaupt für Gasfabrikation zum handelsmässigen Betriebe. Man kann durch Aufstellung von weiteren zwei Doppelöfen
die Production so erheblich steigern, dass die Anlage schon für eine Stadt von 20,000 Einwohnern
genügt. Wenn eine Oelgasanstalt lediglich für Privatbedarf angelegt wird, so kann man Productions-
Gasuhr und Druckregulator ersparen; nicht so bei einer öffentlichen Gasanstalt, wo beide Apparate
unentbehrlich sind. Die Gasanstalt Skizze *C* umschliesst lediglich die beiden Fabrikationsräume; Wohnung
für den Dirigenten oder Gasmeister, Gasarbeiter, sind in unmittelbarer Nähe der Gasanstalt entbehrlich,
weil die Nachtarbeit in den meisten Fällen sich auf Unterhaltung der Retortenfeuerung reduciren wird.
Dagegen ist es rathsam, einen Kohlenschuppen zu bauen zur Aufbewahrung des Retorten-Unterfeuerungs-
materiales. Bei grösseren Anlagen achte man darauf, dass das Placement der Art ist, dass ein guter
Fahrweg entweder an der Gasfabrik vorüberführt oder doch wenigstens ein solcher mit geringen
Kosten abgezweigt werden kann; ebenso ist es vortheilhaft, die ganze Gasanstalt auf dem tiefstgelegenen
Punkte des ganzen zu beleuchtenden Rayons zu erbauen, wobei natürlich zu beachten ist, dass Ueber-
schwemmungen oder Druck und Grundwässer nicht belästigen können. Die sämmtlichen Theerabgänge
schaffe man sofort durch Rohrleitungen aus der Gasfabrik in eine absolut dichte Grube, die gut verdeckt
sein muss. Der Theer, im Retorten- oder Reinigungsraum gesammelt, wird durch seinen penetranten
Geruch lästig. Man kann die Condensationsmassen auch gleich in leere Oelfässer führen.

Wo feuerfeste Dächer — Wellenblech oder Gewölbe — nicht vorgeschrieben werden, wende man
Holzconstruction mit harter Dachung an, weil bei solcher, dem Wellenblechdach gegenüber, die Einwirkung der Wetter keine so grosse ist; Regen, Schnee und Frost anbelangend. Freilich darf die
Dachconstruction nicht auf Kosten der wirksamen Ventilation gewählt werden; eine gute Ventilation
ist das erste Bedingniss bei einer Gasfabrik.

Skizze *D* gibt ein selbstständiges kleines Gashaus mit einer liegenden Retorte, gross genug, um eine
zweite Retorte anbauen zu können; diese Anlage ist für Privatgasanstalten in sehr vielen Fällen geeignet.
Die Dachconstruction ist sowohl in Holz, als Wellenblech, angegeben, ein Dachreiter hingegen nicht;
an dessen Stelle aber Ventilationshüte, die den Vortheil haben, Kälte etc. abzuhalten und die bei
so kleinen Anlagen auch vollständig genügen. — Die baupolizeilichen Vorschriften vieler Länder verlangen eine absolute Trennung des Retorten- vom Reinigungsraume; letzterer soll einen Zugang nur
aus dem Freien haben oder doch wenigstens nur aus einem Raume zugänglich sein, in welchem nicht
Licht gebrannt oder irgend eine Feuerung unterhalten wird. Ferner soll der Reinigungsraum, was
auch schon die Grundsätze einfachster Vorsorglichkeit bedingen, nie mit Licht betreten werden; man
muss daher die Beleuchtung von aussen, durch ein Fenster, mittelst Laterne vornehmen. — In vielen
Ländern und im Allgemeinen, gehen die baupolizeilichen Vorschriften bezüglich der Oelgasanlagen zu
weit, was wohl daher rührt, dass man solche Anlagen genau wie Kohlengasfabriken beurtheilt und
dass man bei der Vergasung von flüssigen Stoffen eine grosse Explosionsgefahr voraussetzt. — In
Württemberg z. B. bedingt man für Oelgasanlagen entweder gewölbtes Dach oder eisernes — Wellenblech. Das sind sehr harte und kostspielige Bedingungen, und es wäre dringend zu wünschen, dass die
baupolizeilichen Vorschriften die Anlegung derartiger, absolut gefahrloser Anstalten weniger beschwerlich
machen möchten. Bei der Fabrikation des Oelgases werden freie Dämpfe oder Gase nicht entwickelt,
weil die Retorten nicht chargirt werden, die Gasfabrikation vielmehr in geschlossenen Retorten erfolgt
und sofort sistirt werden kann. — Nachtarbeit in Oelgasfabriken wird nur in ganz einzelnen Fällen

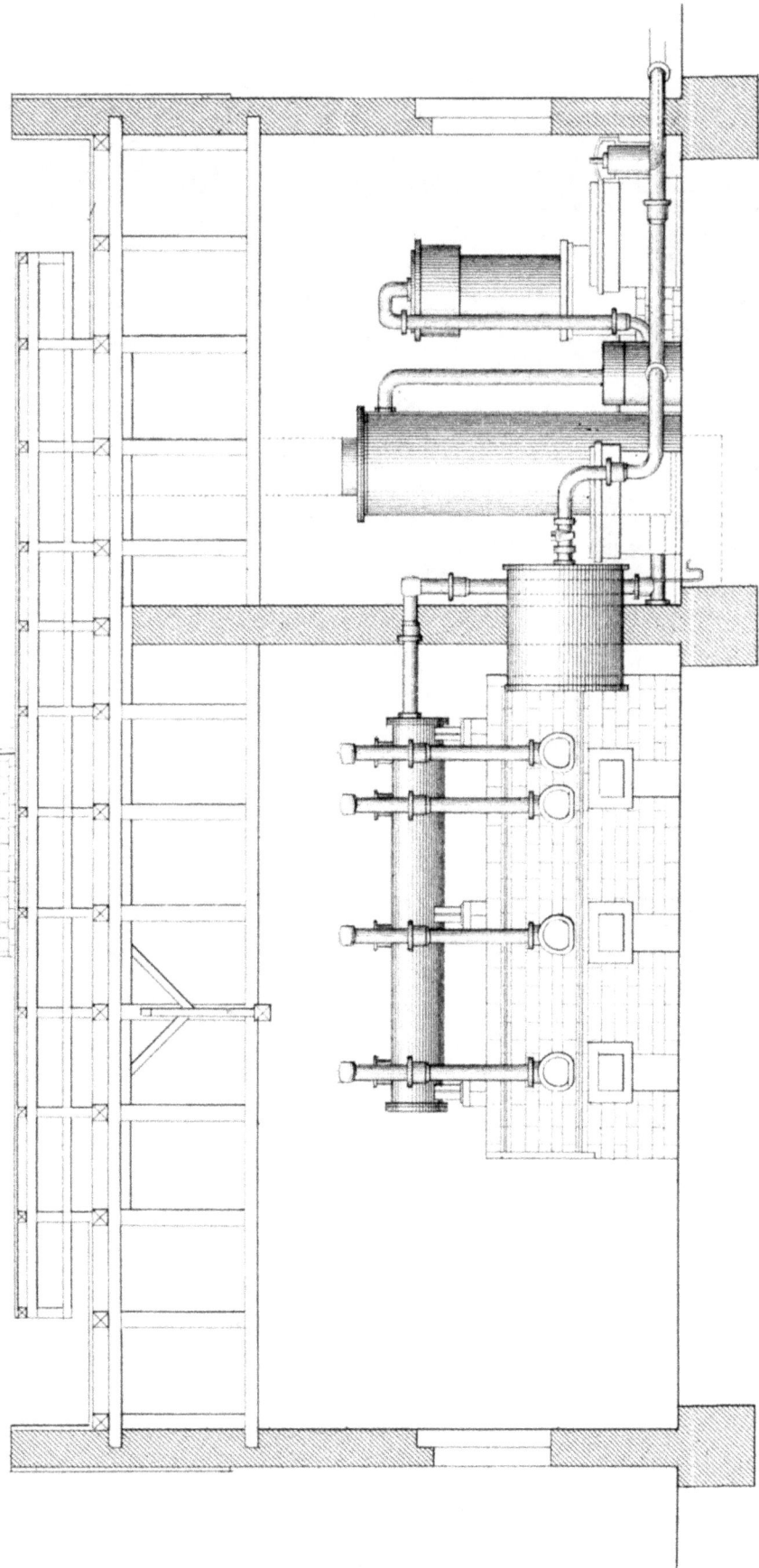

Diagramme C
Coupe et vue a-b
Sketch C.
Section and View a.-b.

Gasanstalt für Städte.

Bahnhöfe, für 1000 bis 5000 Flammen

Appareil a gaz pour les villes,

gares etc suffisant pour 1000 à 5000 becs

FACTORY FOR GAS, THEIR LIGHTS, ETC. FOR 1000 TO 5000 FLAMES

Maasst. 1:50.
Echelle 1:50.
Scale. 1:50.

Diagramme C
Coupe et vue a-b
Sketch C
Section and View a-b

Gasanstalt für Städte.

Appareil à gaz pour les villes.

FACTORY FOR GAS WORKS WITH PIPE WORK

Bahnhöfe, für 1000 bis 5000 Flammen

gares etc. suffisant pour 1000 à 5000 becs

R. CITIES, RAILWAYS ETC. FOR 1000 TO 5000 FLAMES

30 Meter

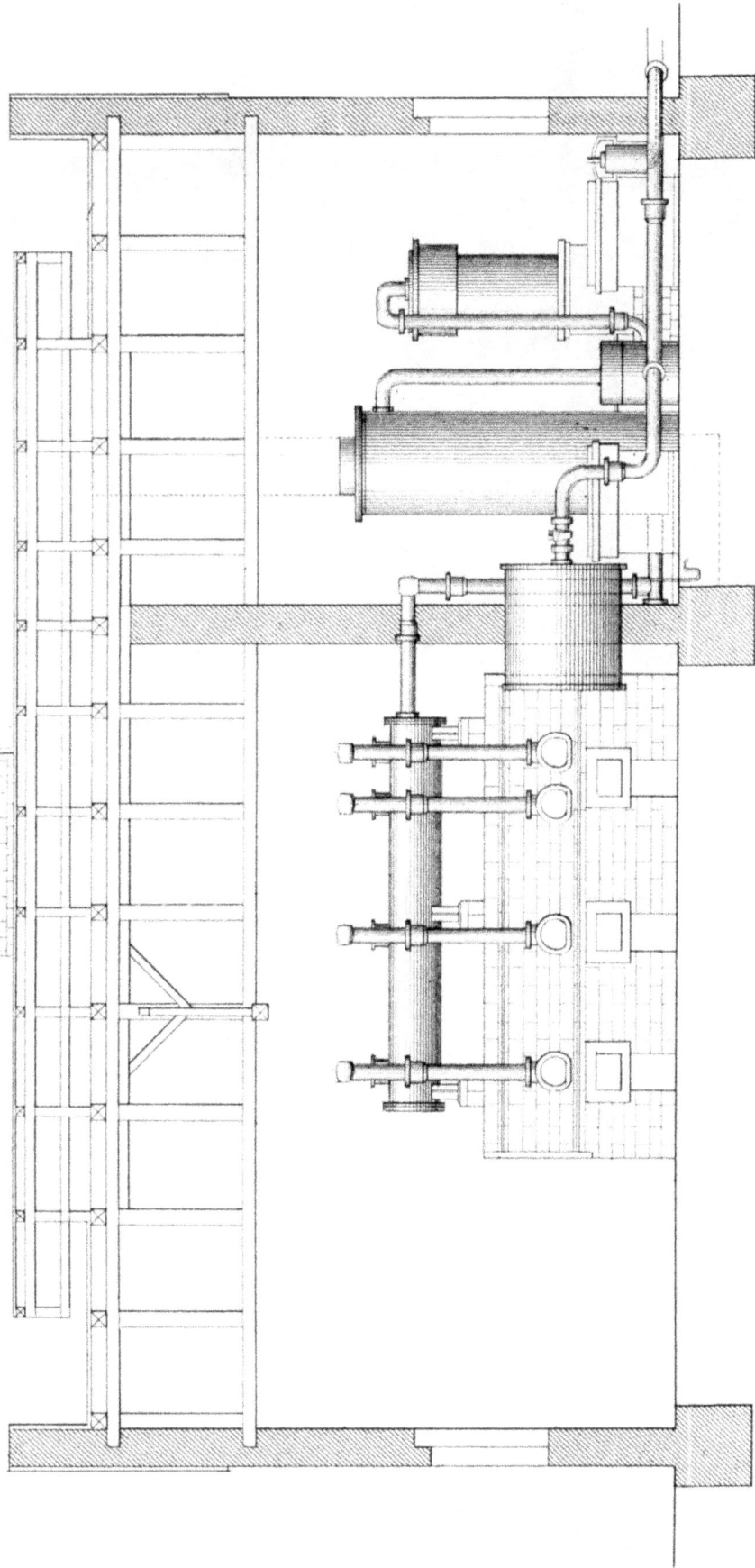

Maasst. 1:50.
Echelle. 1:50.
Scale. 1:50.

Apparil à gazsepare suffisant pour 100 à 300 becs.

SEPARATED GAS HOUSE FOR 100 TO 300 FLAMES

Querschnitt nach c. d.

Diagramme D
Coupe transversale selon c-
Sketch D.
Cross section after c-d

Maassft   1 : 50
Échelle   1 : 50
Scale   1 : 50

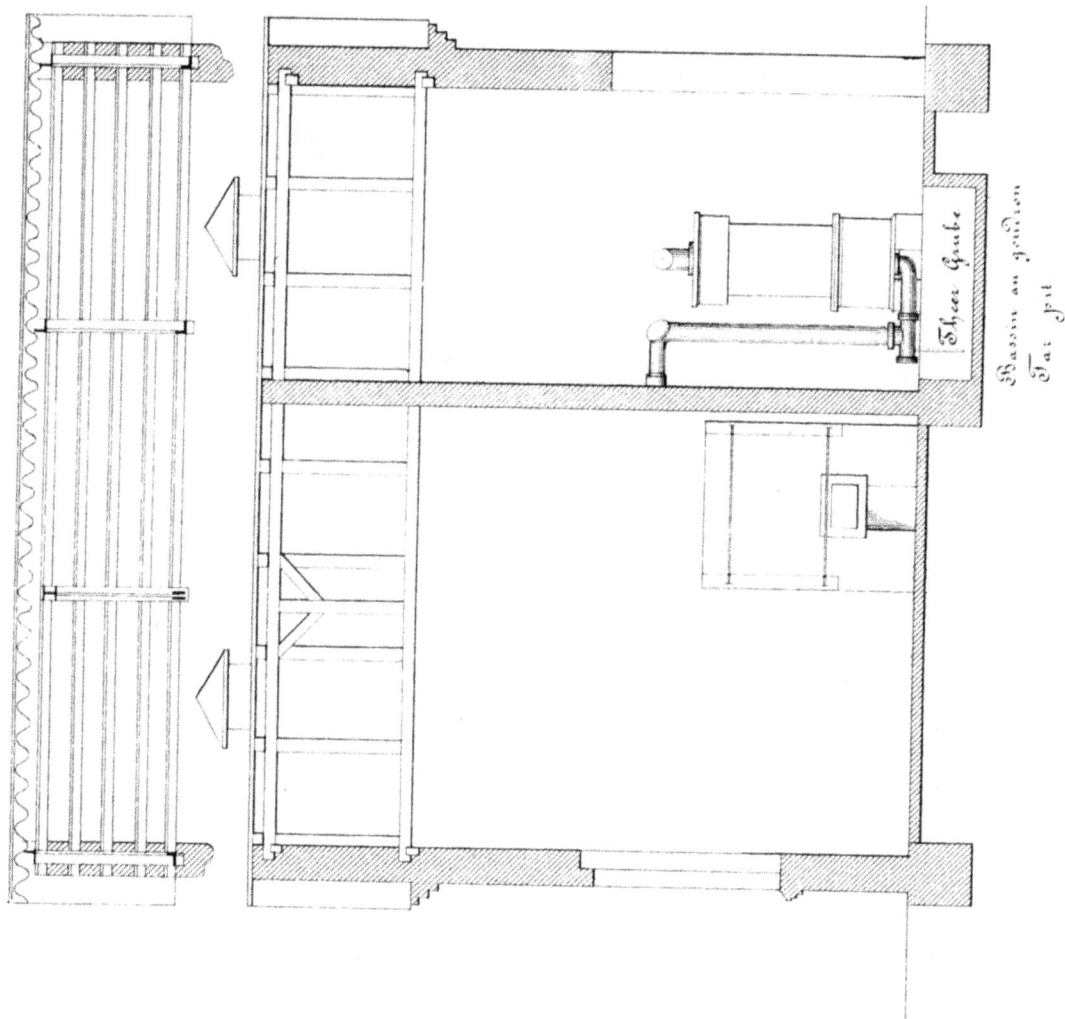

Bassin au goudron
Tar pit

1 Retortenofen   3 Wasch u Scrubber
2 Vorlage   4 Reiniger

1 Retort furnace   3 Washer and scrubber
2 Receiver   4 Purifier

1 Four aux cornues   3 Laveur et scrubber
2 Recipient   4 Purificateur

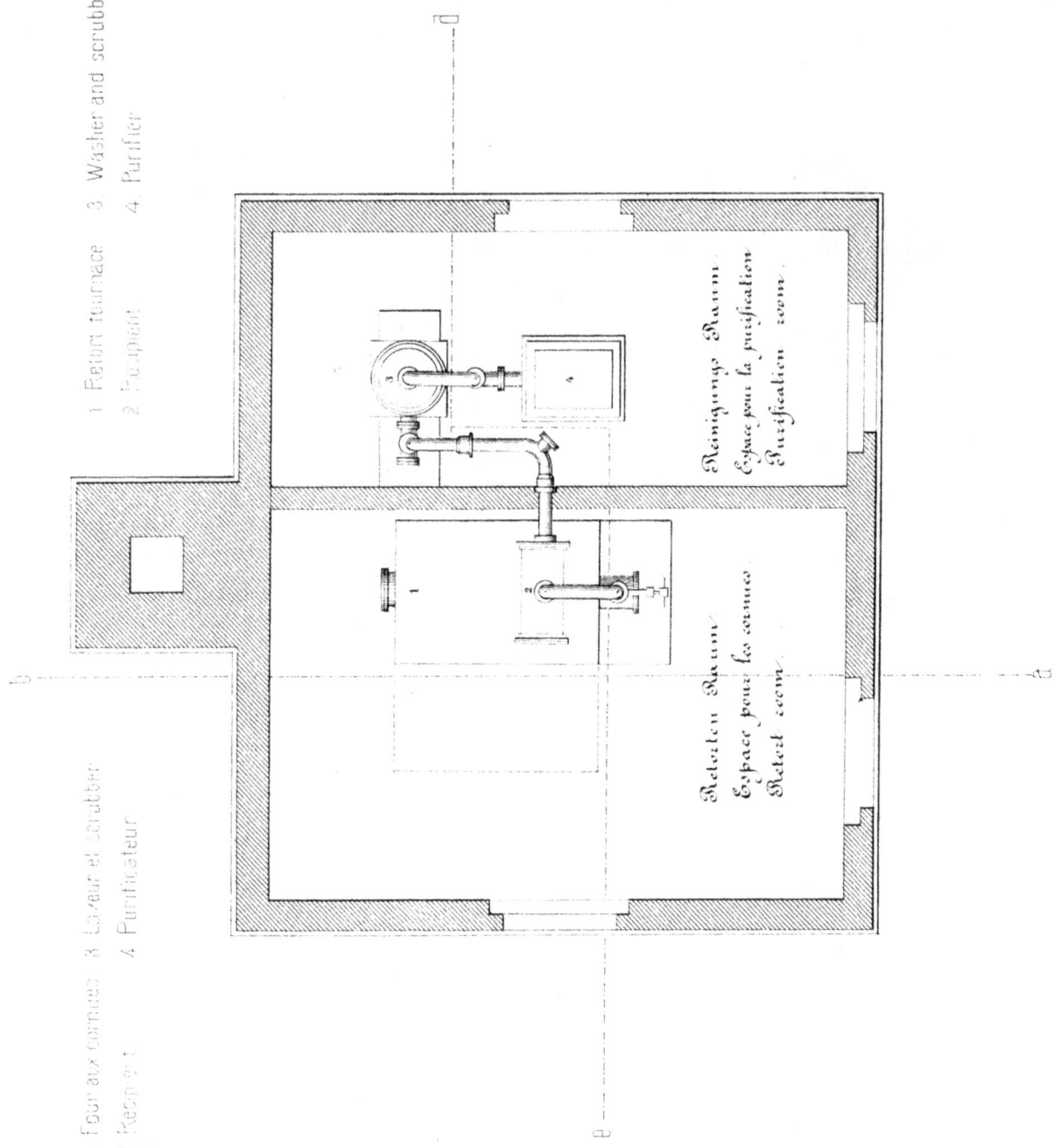

Reinigungs Raum
Espace pour la purification
Purification room

Retorten Raum
Espace pour les cornues
Retort room

Maassfi   1 : 50
Echelle   1 : 50
Scale   1 : 50

Diagramme D.
Vue selon a - b
Sketch D
View after a - b

Maassft. 1 : 50
Echelle. 1 : 50
Scale. 1 : 50

Wellenblech-Dach Construction.
Construction d'un toit en tôle ondulée.
Construction of corrugated iron roof.

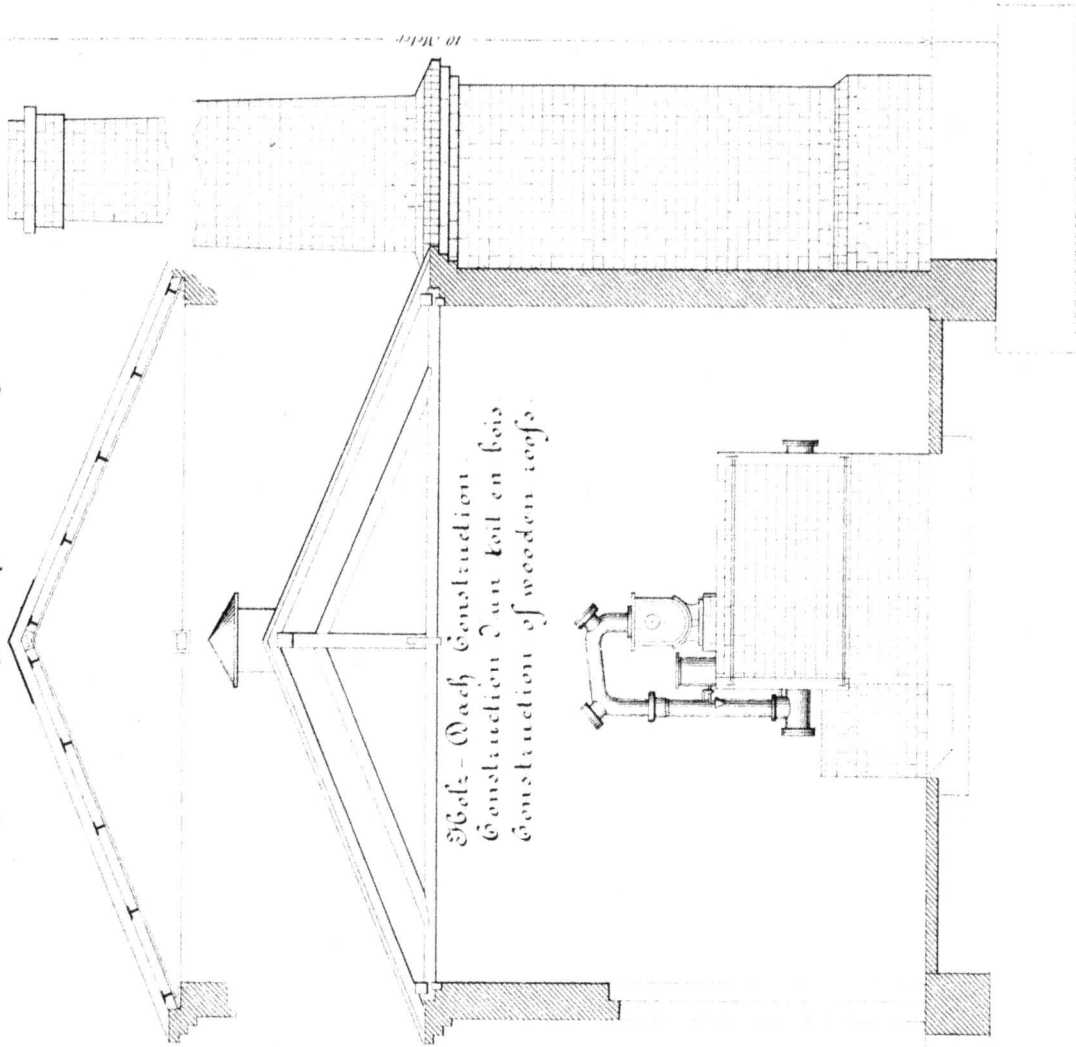

Holz-Dach Construction.
Construction d'un toit en bois.
Construction of wooden roof.

10 Meter.

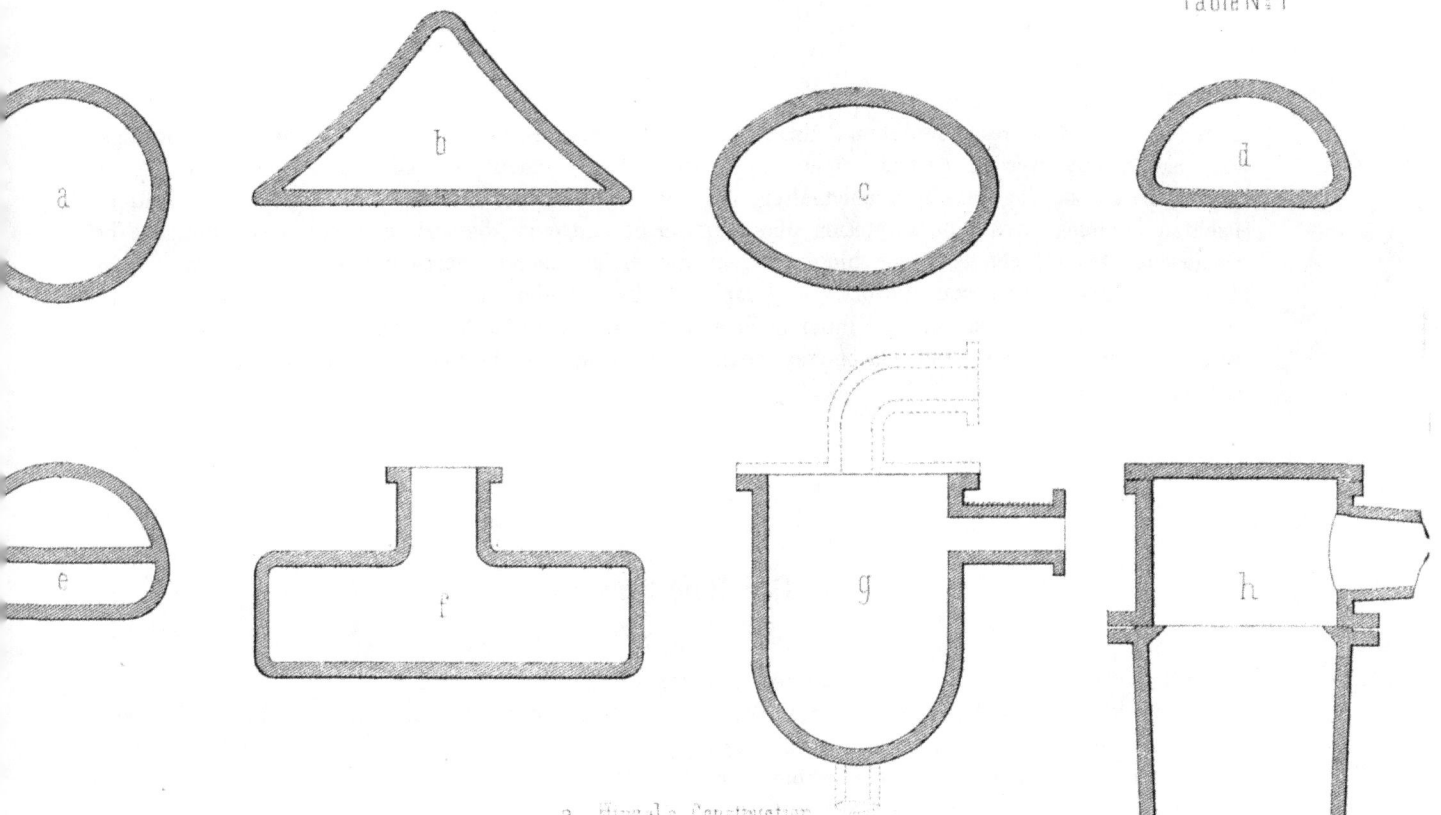

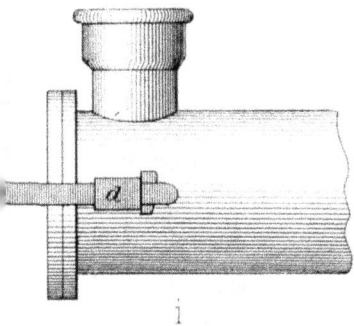

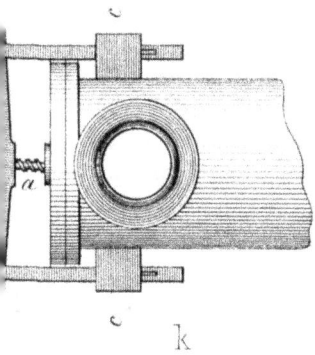

a. Hirzel's Construction
b. Barthel's d⁰
c. Rolle's d⁰
d. Kuchler's d⁰
e. d⁰ d⁰
f. Riedinger Hirzel's d⁰
g. Schweizer Constructeur unbekannt
h. Hubner-Schumann's Construction
i. Retorten Verschlufs seitlich
k. d⁰ von oben

a. Construction Hirzel	a. Construction according to Hirzel
b. Construction Barthel	b. d⁰ „ Barthel
c. Construction Rolle	c. d⁰ „ Rolle
d. Construction Kuchler	d. d⁰ „ Kuchler
e. idem	e. d⁰ „ d⁰
f. Construction Riedinger-Hirzel	f. d⁰ „ Riedinger-Hirzel
g. Constructeur suisse, inconnu	g. Swiss Constructor, unknown
h. Construction Hübner-Schumann	h. Construction acc. to Hübner-Schumann.
i. Fermeture de cornues, vue latérale	i. The retort-closing-devise seen from the side
k. la même vue en plan	k. The same seen from above.

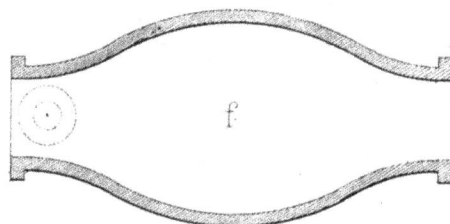

stattfinden. — Vor den gewölbten Bedachungen muss übrigens gewarnt werden; bei einer etwaigen Explosionsgefahr werden gerade solche Dachconstructionen unheilvoll; sie führen die Explosion erst herbei, indem sie die Gase zusammenhalten und deren Ausdehnung hindern. Bei einer freien, luftigen, leichten Dachung wird eine Explosion überhaupt nicht eintreten können; eine solche ist übrigens bei Oelgasanstalten vollständig ausgeschlossen, wenn nur einigermaassen vorsichtig gearbeitet wird. — Zur Anlegung einer Oelgasanstalt gehört eine baupolizeiliche Erlaubniss, die unter Einreichung einer resp. Bau- und Situations-Zeichnung in duplo nachzusuchen ist. In Deutschland wird die Genehmigung nicht versagt, wenn Gashaus und Gasometer circa 3 bis 5 m von bewohnten, benachbarten Gebäuden entfernt stehen.

Der Retortenraum.

Derselbe enthält den Retortenofen mit der Vorlage (Hydraulik).

Die Retorten- und Retortenofen-Construction sind bei einer Oelgasanstalt unbedingt die grosse Hauptsache, von ihnen wird es namentlich abhängen, ob die ganze Gasanstalt eine rentable sein kann oder nicht. — Die zur Anwendung gekommenen Retorten haben die auf Tafel Nr. I skizzirten Querschnitte. — Angewendet wurden bis vor einigen Jahren, entgegen der Retortenconstructions-Entwicklung bei der Kohlengasfabrikation, wo die ersten Retorten stehende waren, lediglich liegende Retorten, bis Hübner seine verticale Retorte construirte, die Schumann vervollkommnete und die neben Suckow auch Maring und Mertz acceptirten. Die jetzt gebräuchlichsten sind die runden, ovalen, ⌂ förmigen und die stehenden Retorten. Neuerdings wendet Hirzel Retorten wie Profil F Tafel Nr. I an, wie solche in ähnlicher Construction früher bereits von Riedinger benutzt wurden. — Die glücklichste Form für liegende Retorten ist unbedingt die ⌂ förmige, welche jetzt auch am zahlreichsten angetroffen wird. Diese Retortenform bietet den, auf den Boden der Retorte einströmenden Oelen die möglichst grösste, ebene Vergasungsfläche, auf der sich die Vergasungsmaterialien sofort wirksam vertheilen können. Bei den runden Retorten bildet sich am Boden sehr rasch eine Oelrinne; es wird bei der Vergasung Graphit und dicklicher Theer erzeugt, welche, die Vergasungsproducte aufsaugend, deren ergiebige und vollständige Destillation verhindern. Es sammeln sich solcher Weise in der Retorte dickliche Rückstände, die dieselbe nach und nach verstopfen. Besser sind schon ovale Retorten, man wird aber auch bei ihnen, wenn auch in weit geringerem Maasse, dieselbe Beobachtung machen. — Aus allen Versuchen ist hervorgegangen, dass die Oele ergiebig nur an glühenden Flächen vergasen, nicht aber so im glühenden Raume. Je mehr Vergasungsfläche man nun dem Vergasungsmateriale bietet, desto schneller und ergiebiger wird der Destillationsprocess sein. Einen Beweis hiefür liefern auch die Doppelretorten, wie wir weiter hinten noch des Näheren nachweisen werden. Das Retortenmaterial ist Gusseisen, Chamotte-Retorten sind wohl seit Jahren schon in Anwendung; sie eignen sich aber nur für ganz grosse, permanent betriebene Anlagen, welche bislang nur in ganz geringer Anzahl (wenigstens in Europa) bestehen. Guter Retortenguss muss einen gewissen Grad von Weichheit besitzen; er darf nicht hart, glasig sein. Eine Beimengung von 30—35 pCt. bestem schottischen Roheisen zu deutschem oder englischem Rohmaterial, hat sich als recht vortheilhaft bewährt. Der Guss muss absolut voll sein; poröse Stellen in den Wandungen oder bei den Kernstützen dürfen nicht vorhanden sein. Die Länge und der Durchmesser der Retorten zeigen ebenso grosse Verschiedenheiten wie die Profile. Für grössere Anlagen werden 3 m lange, für kleinere Anstalten 2 m lange Retorten angewendet. Da die Retorten

behufs der Reinigung an beiden Enden offen sind und aus dem Retortenofen vorn und hinten heraus-
stehen müssen, wird immer nur $^2/_3 — ^3/_4$ Theile der Retortenlänge im Feuer liegen und die Vergasung
vermitteln; es muss daher, vorausgesetzt, man wendet nicht Doppelretorten an und die Anlage ist nicht
ganz klein, die Länge einer einfachen Retorte mindestens 3 m betragen. 2 m lange einfache Retorten
bieten dem Vergasungsmaterial keinen genügend langen Vergasungsraum; die Oeldämpfe und Theere
durchstreichen alsdann die Feuerflächen der Retorte zu rasch und nehmen, der Retortentemperatur
nur kurze Zeit ausgesetzt, auch nur theilweise gasförmige Gestalt an. Bei der liegenden Retorte ist
ein separater Retortenkopf entbehrlich, man kann bei ihr den Abgangsstutzen unmittelbar auf den
Retortenkörper setzen. Bei der stehenden Retorte, wo der Abgangsstutzen ein verhältnissmässig längerer
ist und wo die Retorte des Einhängerohres halber höher aus dem Ofen montirt werden muss, empfiehlt
sich schon aus ökonomischen Gründen ein besonderer Retortenkopf, sowie am unteren Theile der
Retorte eine besondere Haube. Die Verbindung des Retortenkörpers mit Kopf und Haube geschieht
durch Schrauben. Zwischen die Dichtflächen bringt man einen Kitt, bestehend aus 32 Theilen Eisen-
feilen, 1 Theil Salmiak und 1 Theil Schwefelblume mit so viel Wasser vermengt, dass eine dickbreiigte
Masse entsteht.

Der Retortenverschluss, Tafel I Skizze i seitlich gesehen, Skizze k von oben, erfolgt durch gusseiserne Deckel, welche vermittelst schmiedeiserner Bügel und Schrauben auf den Retortenrand auf-
gedrückt werden.

Die Retorte hat vorn und hinten zwei angegossene, correspondirende Ohren d; durch diese sind
die Riegel b c geschoben und verkeilt. — In den Riegeln b-c steckt der Vorlagbalken b-b, der in der
Mitte verstärkt und mit dem Muttergewinde für die Schraube a-a versehen ist. — Wird nun die
Schraube a-a angezogen, so drückt sie, durch den Querbalken mit Riegel festgehalten, auf die Mitte
des Retortendeckels und dieser legt sich an den Retortenrand. — Zur Herstellung der absoluten Dichtheit
müssen die Retorten- und Deckelrandflächen mit Lehm bestrichen werden, welcher gut durcharbeitet
und mit Sägespänen gemischt als dicker Brei 20 mm hoch aufgetragen wird. Zieht man nun die
Schraube a-a an, so wird die Lehmdichtung zusammengepresst und man erhält eine vollkommene
Gasdichtheit; man zieht die Schraube a-a nicht zu fest an, sonst wird die Lehmschicht herausgepresst
und die Dichtschicht so dünn, dass nach dem Festbrennen und Eintrocknen derselben, undichte Stellen
leicht entstehen. Die liegende Retorte hat einen Muffenstutzen für das Retorten-Abgangsrohr; derselbe
muss mindestens so weit sein, dass ein Rohr von 100 mm lichte Weite eingesetzt werden kann. Bei
engeren Abgangsröhren treten leicht Verstopfungen ein. Der Retortenstutzen ist für Muffenverbindung
eingerichtet, weil beim Auswechseln der Retorte die Verbindung mit dem Abgangsrohr und der Vorlage
leichter herstellbar ist, als bei Flanschenverbindung. Letztere bedingt, dass die neue Retorte ganz
genau in der Lage der ausgewechselten montirt wird, was doch kaum jemals zutreffen wird; bei ganz
geringen Abweichungen um wenige Millimeter nach rechts, links, nach oben oder unten, nach vorne
oder hinten, wird die Lage der übrigen Retorten mit Abgangsröhren und Hydraulik allemal alterirt;
bei der stehenden Retorte wird das nicht der Fall sein. Die liegende Retorte muss nach der Seite,
die dem Oeleinlauf entgegengesetzt ist, Fall haben, damit die Vergasungsmaterialien auf den Feuerflächen weiter laufen müssen und nicht an die Retortendeckel herantreten und in dem ausserhalb des
Feuers liegenden Retortenraum sich sammeln, wo sie nicht vergasen können. Bei 3 m langen Retorten
gibt man 65 mm Fall, bei 2 m langen 40—50 mm.

Tafel II zeigt einen Retortenofen für stehende Retorte. Die Retorte sitzt mit ihrem untern Theile
(der Haubenflansche) auf einem Gewölbe auf, welches dazu dient, der Retorte

1. einen Stützpunkt zu geben und
2. einen Zugang zur Retortenhaube zu schaffen, behufs Andichten und Abnehmen des Hauben-
verschlussdeckels und bei der Retortenreinigung.

Ofen mit stehender Retorte.
Four à cornue verticale
FURNACE WITH A STANDING RETORT.

a. Retorte
b. Einhängerohr
c. Vorlage
d. Oelbehälter
e. Guckloch
f. Oeleinlaufrohr
g. Abgangsrohr

a. Cornue
b. manchon
c. récipient
d. réservoir à huile
e. lunette
f. tuyau d'arrivée d'huile
g. tuyau de sortie

a. Retort
b. muffle tube
c. recipient
d. Oil basin
e. looking hole
f. Oil introduction tube
g. discharge tube.

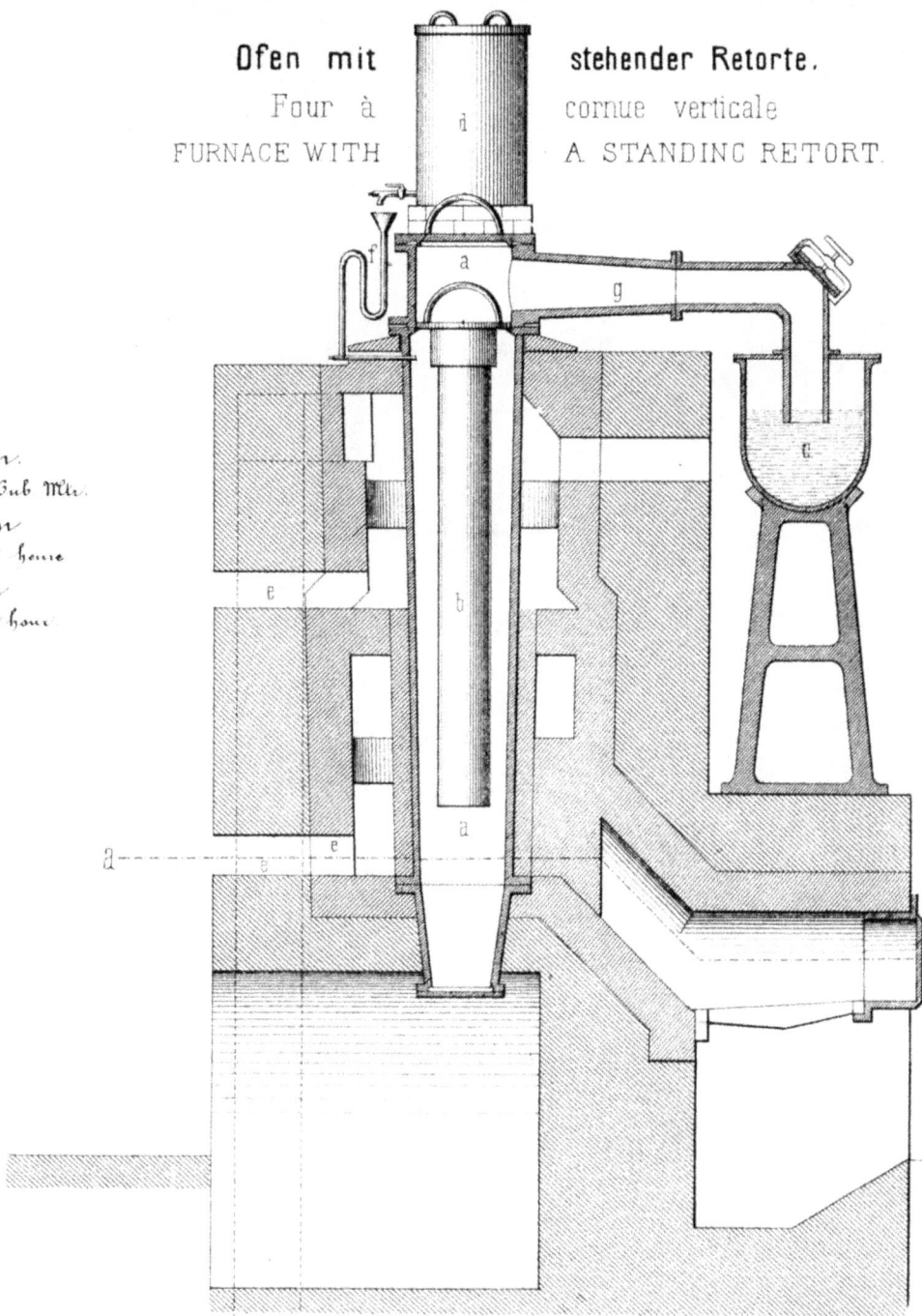

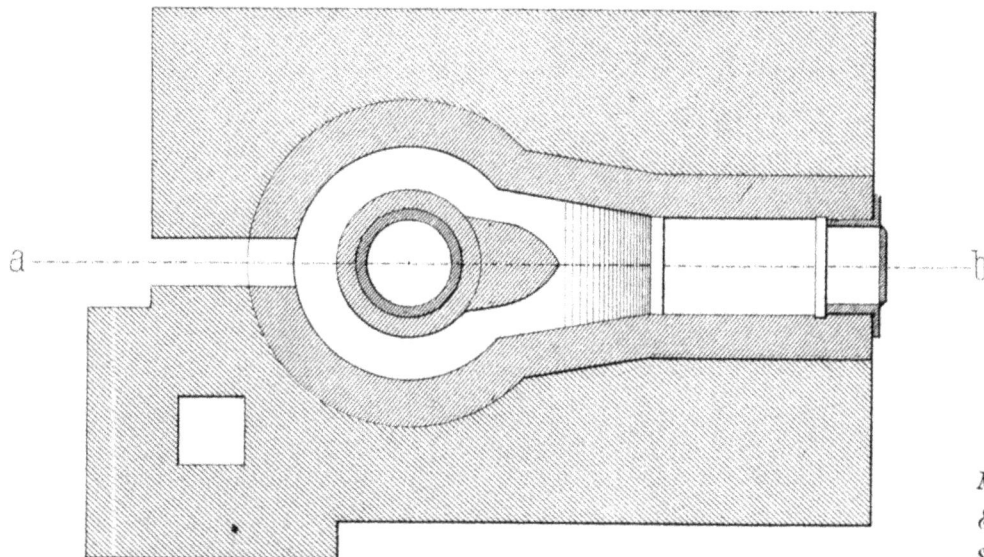

Maassst. 1:20.
Echelle 1:20.
Scale 1:20.

Manometerleitung
tuyau pour le Manomètre
Steam gauge tube

Oelbassin
Bassin à huile
Oil Basin

Vorlage.
Récipient
Recipient

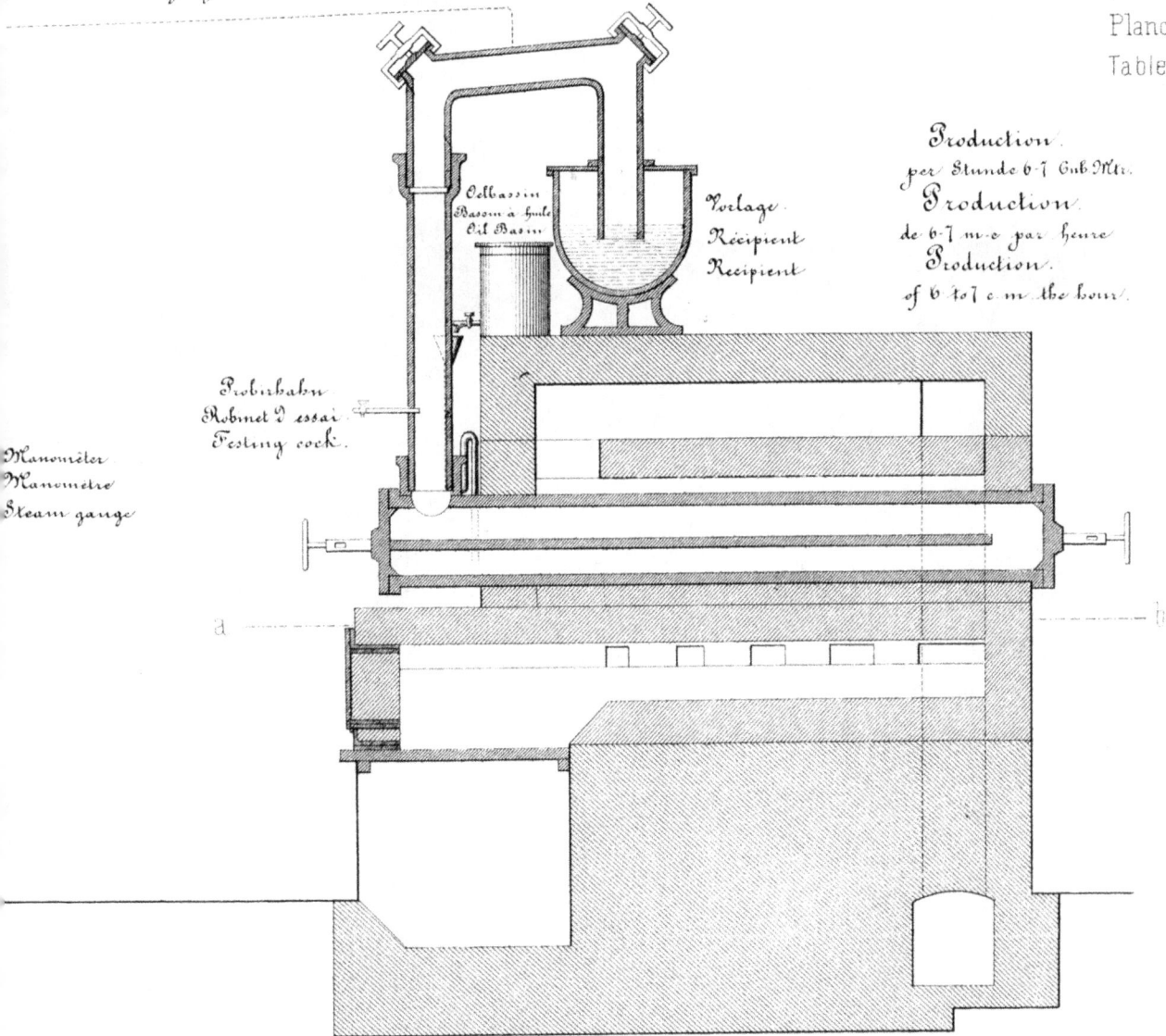

Production.
per Stunde 6-7 Cub Mtr.
Production.
de 6-7 m-c par heure
Production.
of 6 to 7 c m the hour.

Probirhahn
Robinet d'essai
Testing cock.

Manometer
Manomètre
Steam gauge

a — b

Ofen mit Doppel-Retorte in einem Körper

Four à cornue double en un corps

FURNACE WITH DOUBLE RETORT IN ONE BODY

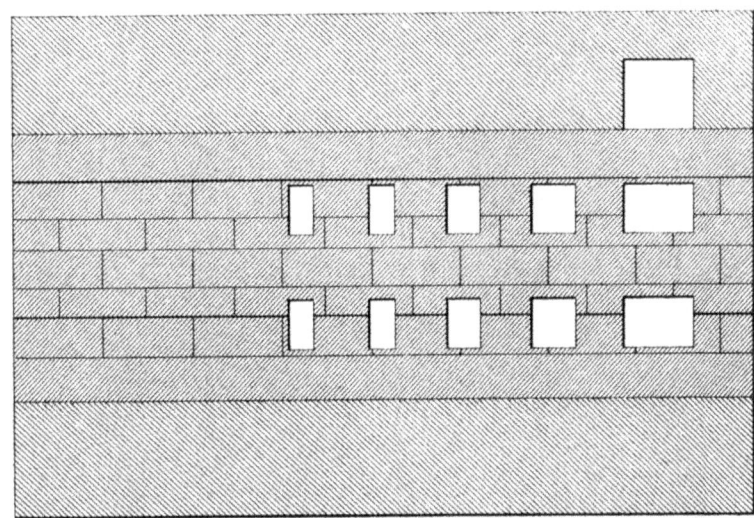

Schnitt a—b.

Coupe transversale selon a—b.

Cross section after a—b.

Maasst. 1 : 20.

Echelle 1 : 20.

Scale 1 : 20.

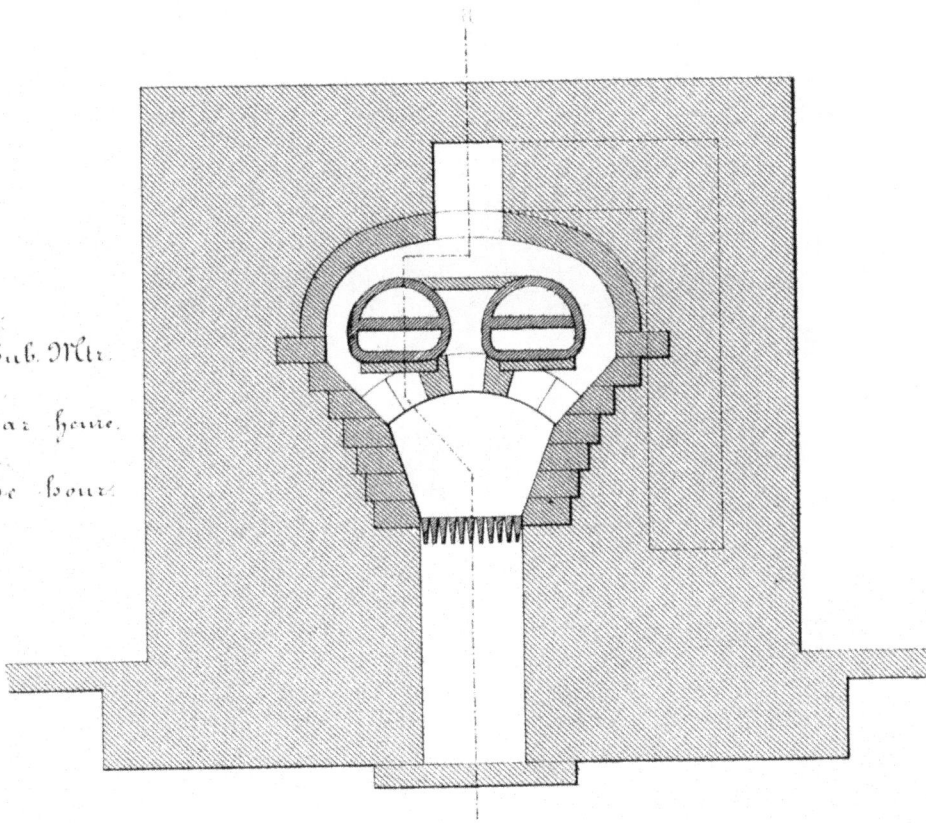

Production:
Stunde 12 - 13 Cub. Mtr.
Production.
12 à 13 m. c. par heure.
Production
12 - 13 c. m. the hour

Oelgas-Doppelofen zu Scizze B.

Four double a production de gaz fluide au diagr. B.

OIL-GAS DOUBLE FURNACE TO SKETCH B.

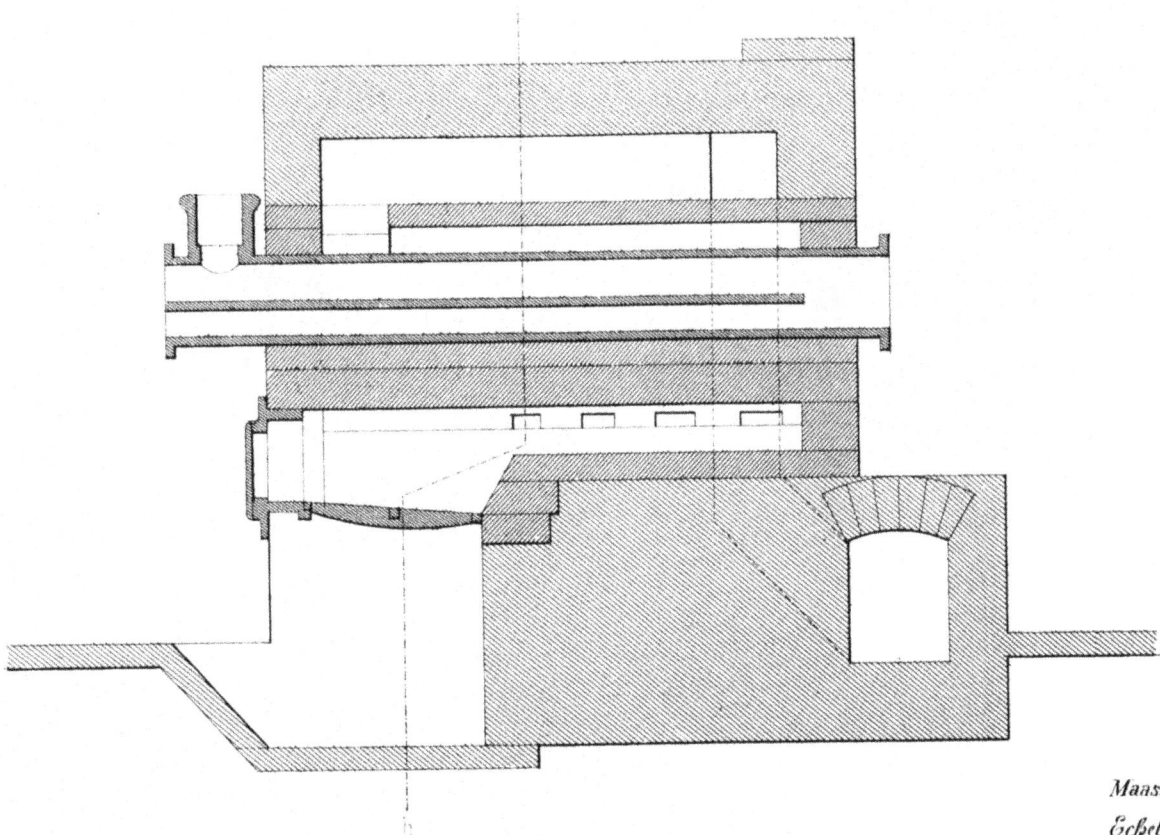

Maassft. 1 : 20

Echelle 1 : 20

Scale 1 : 20

Die Haube hat einen Verschluss vermittelst übergreifenden schmiedeeisernen Bügels und Schraube, genau wie der Rohrdeckelverschluss auf Tafel III.

Die Feuerung, mit einfachem Planrost, ist eine Vorfeuerung, wie solche bei der stehenden Retorte gar nicht anders angebracht werden kann und welche den Vortheil hat, die schädliche Einwirkung der Stichflamme auf das überhaupt mögliche Maass zu reduciren, was noch weit besser geschieht durch den, die untere Hälfte der Retorte umschliessenden Chamottemantel. Die Retorte steht frei in dem der Retortenform angepassten Feuerungsraume, welcher an 4 Stellen durch Quersteine unterbrochen wird, an denen sich das Feuer stösst, damit es nicht ungehindert und zu rasch den Feuerungsraum durchstreicht. Vor dem unteren, dem Roste zugekehrten Theile der Retorte, befindet sich ein keilförmiger Chamottesteinansatz zur Theilung und Brechung der Flamme. Unter dem Retortenkopf ist über die Retorte ein gusseiserner Lappenring geschoben, welcher, auf dem Ofenmauerwerk aufliegend, die ganze Retorte trägt. Bei e münden 3 Quercanäle in den Feuerungsraum, die mit Blechkasten verschlossen sind, auf denen eine drehbare Klappe sitzt. Durch die Kasten wird die Flugasche entfernt und die Retortentemperatur beobachtet. Die Oeleinlaufröhren f münden, einander gegenüberstehend, unter dem Lappenring in die Retorte. Der Retortenkopf und die Haube sind vermittelst Schrauben und Rostkitt auf dem Retortenkörper befestigt und wie vorbeschrieben verschlossen; auf dem Deckel des Retortenkopfes, sowie auf dem Einhängerohr sind je 2 Bügel zur Handhabung aufgenietet.

In der Retorte hängt das Einhängerohr b, welches den Retortenraum in 2 Cylinder theilt, wovon der äussere nur nach unten, der innere nur nach oben offen ist. In dem Behälter d befindet sich das Vergasungsmaterial, das aus den in dasselbe eingeschraubten Kegelhähnen, beliebig regulirt, ausströmt. An dem Retortenkopfe ist das Retortenabgangsrohr g angegossen, das je nach dem Standort der Vorlage verlängert wird. Das Oeleinlaufrohr ist trompetenförmig gebogen und bildet durch das, durch dasselbe strömende Vergasungsmaterial einen selbstthätigen Verschluss gegen den, in der Retorte bei der Destillation entstehenden Druck. Das Oeleinlaufrohr besteht aus schmiedeeisernem, 19 mm weitem Rohr; die Biegungen werden vermittelst Knie- und T-Stücken hergestellt, so dass man bei etwaigen Verstopfungen das Oeleinlaufrohr ohne Weiteres zur Reinigung auseinander nehmen kann. Der ganze Ofen wird durch gusseiserne Ofenecken, die mit je 2 Rundeisen-Ankerstäben verbunden sind, zusammengehalten, wie das auf Tafel VII skizzirt ist. Die Feuerung schliesst man entweder mit gusseiserner Doppelthür oder mit einer nach innen mit Chamottestein verkleideten Thür, um das Verbrennen zu verhüten oder doch zu verlangsamen.

Tafel III zeigt einen Ofen für eine liegende Doppelretorte. Die Feuerung ist auch hier mit einfachem Planrost versehen, der vor der Retorte liegt. Der Ofen besteht aus zwei Tonnengewölben, die übereinander stehen. Das untere Gewölbe umschliesst die Feuerung und bildet das Auflager für die Retorte; es befinden sich in dem unteren Gewölbe zwei Reihen von hinten nach vorn enger werdender Schlitze, durch die das Feuer in das obere (Retorten-) Gewölbe gelangt, zur Heizung der Retorte. Die Retorte hat Deckelverschluss und einen angegossenen Muffenstutzen für das Abgangsrohr. Dieselbe ist durch die eingeschobene Platte, die auf zwei angegossenen Rippen liegt, in zwei Kammern getheilt. Das Vergasungsmaterial strömt vorn in die untere Retortenkammer, analog der Speisevorrichtung bei der stehenden Retorte. Die Retortenofenverankerung geschieht wie vorher beschrieben. Die Retorte liegt nicht direct auf dem Scheitel des unteren Gewölbes auf, sondern auf Chamottestein-Unterlagen. Das Material zum Ofenbau ist im Fundament, Bruchstein, über Tag Backstein; alle vom Feuer berührten Stellen werden in feuerfestem Stein ausgeführt — Chamotte. Die Roststäbe bestehen aus Gusseisen oder ☐ Eisen. Das Oeleinlaufrohr mündet ausserhalb des Mauerwerkes in die Retorte und ist deshalb leicht und unmittelbar zugänglich.

Tafel IV zeigt einen Ofen mit zwei liegenden Doppelretorten in einer Feuerung. Die Anordnung ist genau wie vorher auf Tafel III, nur befinden sich ausserdem im Scheitel des unteren Gewölbes

3*

noch Schlitze. Das durch dieselben tretende Feuer wird durch die obere Retortenabdeckplatte zusammengehalten und muss der Retorten entlang, ganz nach vorn streichen, um den Feuerabzugscanal zu erreichen. Zum Unterschied ist die Feuerung nicht vor, sondern unter die Retorten gelegt. Da wo Doppelöfen Anwendung finden, wird man die Retorten auch immer länger betreiben, als in Eineröfen. Deshalb empfiehlt es sich, die Retorten auf Chamotteplatten in ihrer ganzen Länge und Breite zu fundiren. Beide Gewölbe des Retortenofens werden durch Formsteine geschlossen, was namentlich beim Retortengewölbe den Vortheil herbeiführt, die Retortenauswechselung schnell vornehmen zu können; man braucht nur die Gewölbefüllsteine zu entfernen und die Retorten liegen frei zum Herausziehen. Das Aschenloch ist vertieft und nach vorn abgeschrägt zur bequemeren Reinigung; man beschickt dasselbe mit Wasser, damit die durch den Rost fallenden, glühenden Theile sofort ablöschen und die Hitze des Rostes reflectirt, derselbe selbst gekühlt wird, auch die zuströmende Luft wasserdampfhaltig ist. Der Wasserdampf wird unter Bildung von Kohlenoxyd in Wasserstoff umgesetzt, welch' letzterer zum Verbrennen der Heizmaterialien mit Flamme, beiträgt.

Tafel V zeigt einen Ofen mit runder Retorte, älterer Construction, bei welcher, auch wie vorher, zwei Gewölbe vorhanden sind; die Retorte hat jedoch seitlich je eine Abdeckung und ist dem directen Feuer weit mehr ausgesetzt, als das bei den vorhergegangenen Retortenofenanlagen der Fall ist. Der Oeleinlauf erfolgt bei dieser Retorte am entgegengesetzten Ende des Retortenstutzens.

Tafel VI stellt einen Ofen mit Doppelretorte, aus zwei separaten Retortenkörpern mit gemeinschaftlichem Kopfe bestehend, dar. Die beiden Retortenkörper liegen in einem gemeinschaftlichen Gewölbe übereinander. Das Feuer streicht durch das untere Gewölbe vorn und hinten in das Retortengewölbe, vereinigt sich oberhalb in der Mitte des unteren Retortenkörpers, denselben umfassend, und verlässt den oberen Retortenkörper oben wieder analog der Einströmung unten in das Retortengewölbe, also vorn und hinten, um direct in den, inmitten auf dem Ofen befindlichen Schornstein zu treten. Das Oel tritt in den oberen Retortenkörper. — Entgegen der Anordnung aller vorher beschriebenen Anlagen befindet sich die Vorlage nicht auf dem Ofen, sondern am Fusse desselben.

Welches von beiden Retortensystemen, der liegenden oder stehenden, das vortheilhaftere ist, lässt sich im Allgemeinen nicht kurzweg mit Ja oder Nein entscheiden. Im Grossen und Ganzen eignen sich stehende Retorten vortheilhafter für

   1. grosse Gasanstalten,

   2. schwere Vergasungsmaterialien;

denn man kann stehende Retorten in sehr grossem Maassstabe construiren, während das bei liegenden Retorten nicht angängig ist und die stehende Retorte, weil man ihr das Vergasungsmaterial vortheilhaft an mehreren Stellen zuführen kann, leistungsfähiger macht. Bei dem Umstande ferner, dass das Vergasungsmaterial, an den glühenden Wandungen der stehenden Retorte herabrinnend, verdampft und vergast, sich also unmittelbar zertheilen muss, kann man auch schwerere, höhere Destillationstemperatur bedingende Oele in solcher Retorte verarbeiten. Dagegen ist der Betrieb der stehenden Retorten mit einigen Schwierigkeiten verbunden. Die grosse Höhe des ganzen Ofens macht die Speisung aus den Oelbehältern beschwerlich, ebenso die Benutzung des Probirhahnes, und beim Auswechseln der Retorte muss der Retortenofen in seiner ganzen Länge aufgebrochen werden, weil man die Retorte nicht nach oben herausheben kann. Endlich muss bei der Reinigung der stehenden Retorte das Einhängerohr entfernt werden, was, da dasselbe sich leicht festbrennt, beschwerlich ist und wodurch eben der ganze Reinigungsprocess complicirter und zeitraubender wird. Das Alles ist bei der liegenden Retorte nicht der Fall; wenn dieselbe auch nicht so dauerhaft, als die stehende Retorte ist, so lässt sie sich doch mit weit weniger Kosten erneuern, da sie nicht das Gewicht der stehenden Retorte besitzt und beim Auswechseln der Ofen gar nicht beschädigt zu werden braucht. Man entfernt zu diesem Zwecke lediglich die Gewölbfüllsteine an der Stirn- und Rückenseite des Retortengewölbes und kann alsdann

Production

p^r Stunde 3,5 - 4 Cub. Mtr.

Production.

de 3,5 - 4 c. m. par heure.

Production

of 3,5 - 4 c. m. the hour.

b

d

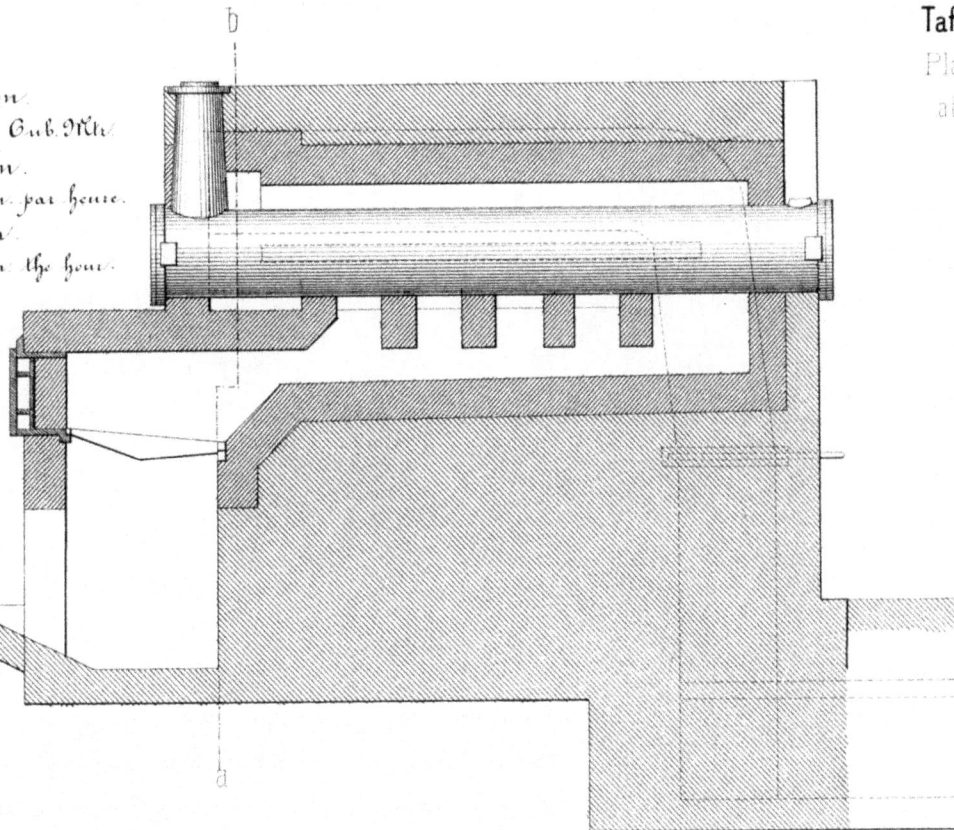

Ofen mit Runder Retorte.

Four à cornue ronde.

FURNACE WITH A ROUND RETORT.

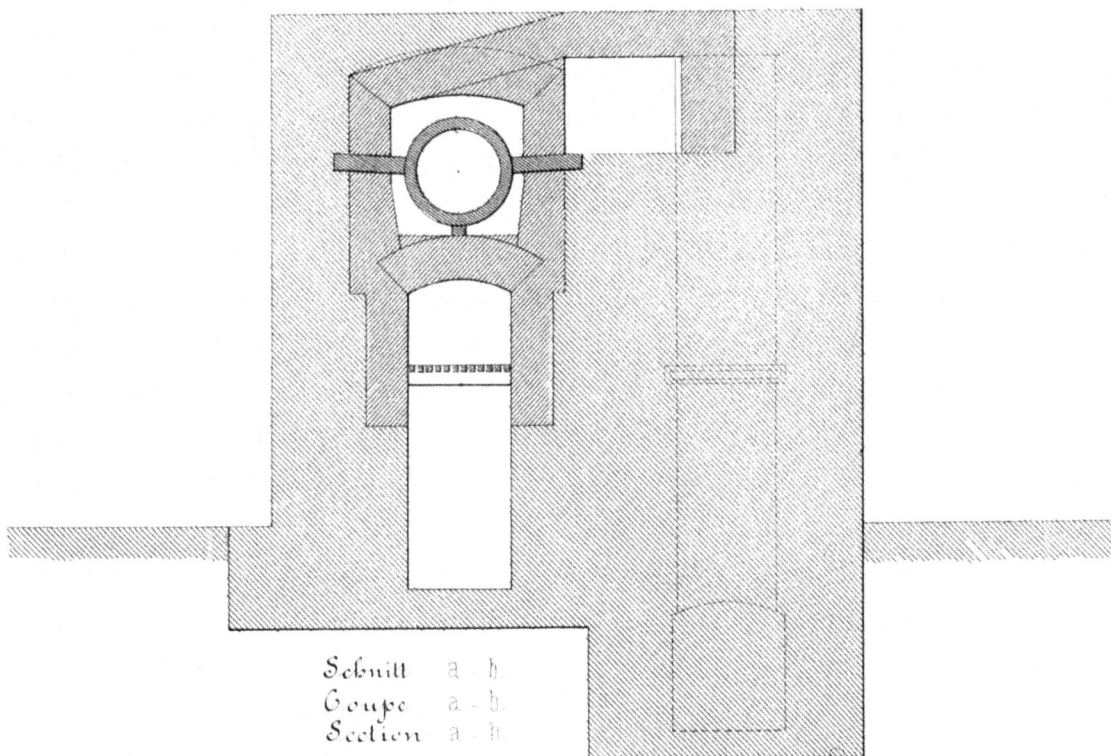

Schnitt   a - b.

Coupe   a - b.

Section   a - b.

Maasst.   1 : 24.

Echelle   1 : 24.

Scale   1 : 24.

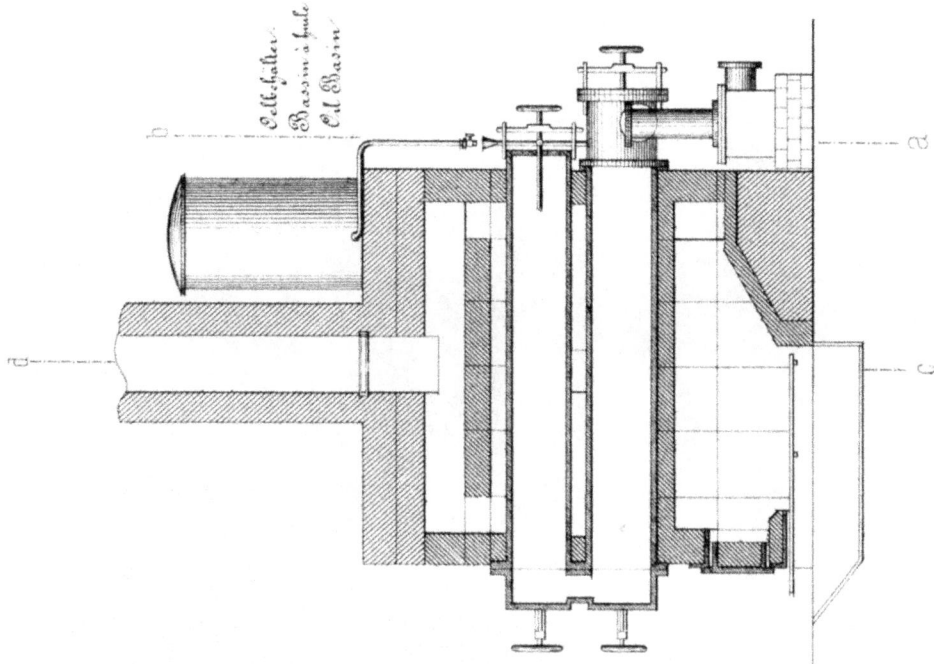

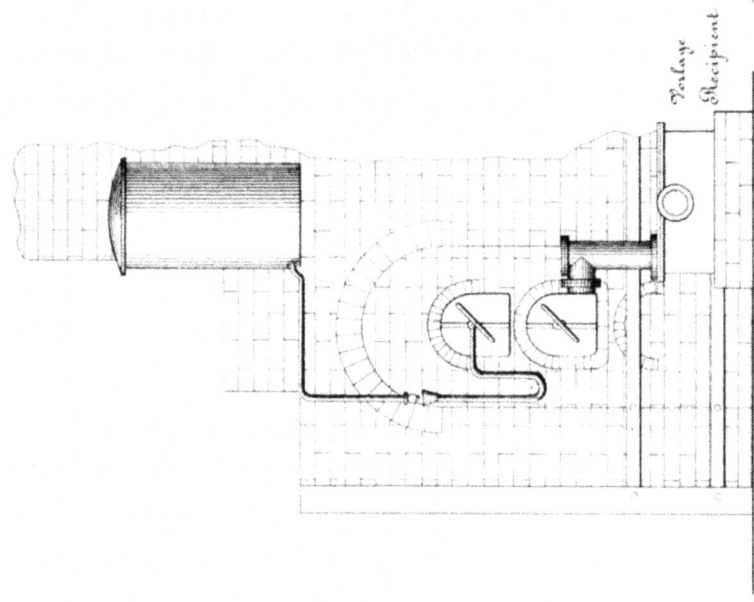

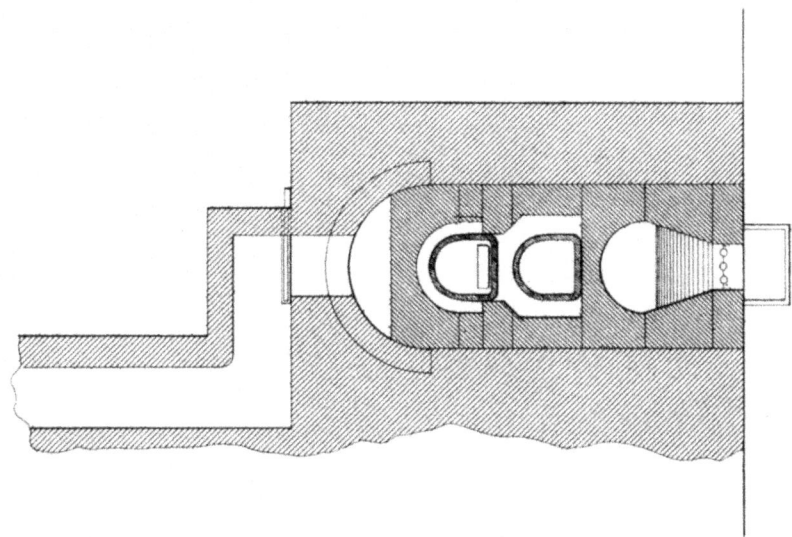

Four à cornue double en deux corps

FOURNACE WITH DOUBLE RETORT IN 2 BODIES

Oelhalter.
Bason à huile.
Oil Bason.

Vorlage
Recipient

Production
for Stunde 12-14 Cub Mtr.
Production
de 12 à 14 m-c par feu.
Production
of 12-14 c m the hour.

Maasstl   1 : 30
Echelle   1 : 30
Scale·   1 : 30

die ganze Retorte leicht umwechseln; ebenso ist die Reinigung liegender Retorten eine weit einfachere; man kann diese sogar während des Betriebes leicht vornehmen, indem man den Oeleinlauf sistirt, einen der Retortendeckel öffnet und die Retorte, sich selbst reinigend, ausbrennen lässt. Jedenfalls ist der Betrieb liegender Retorten erheblich einfacher als der stehender, und man wird für jeden einzelnen Fall genau zu erwägen haben, was das Vortheilhaftere ist. Wo man eine stärkste Tagesproduction von 70 bis 80 cbm Gas hat, ist die stehende Retorte angemessener — sonst nur liegende; denn es sind andererseits die rapide Gasproduction, die grosse Dauerhaftigkeit der stehenden Retorte für alle grösseren Anlagen sehr wesentliche Factoren, denen gegenüber die aufgeführten Beschwerlichkeiten bei der stehenden Retorte durchaus unerheblich erscheinen. Bei ganz geringer Production von täglich 10 bis 15 cbm genügt eine liegende, einfache ⌂ förmige Retorte des Querschnittes Tafel I d, in Länge der ⌂ förmigen Doppelretorte. Kleinere Constructionen sind unbedingt verwerflich. Die liegende Retorte muss in ihrer ganzen Länge Auflager haben; Retorten, die nur mit einzelnen Steinen unterbaut werden oder gar nur auf den Umfassungsmauern des Retortenofens aufliegen, sacken sich im Feuer und reissen. Bei liegenden, stark betriebenen Retorten umhülle man deren Boden mit Chamotteplatten; sie heizen sich so zwar langsamer an, dauern aber länger; täglich geheizte Retortenöfen kühlen über Nacht zudem auch gar nicht aus. Bei der stehenden Retorte lässt sich der schädlichen Einwirkung des Feuers weit erfolgreicher begegnen, wodurch auch die grössere Haltbarkeit des Retortengusses herbeigeführt wird.

Nächst dem Retortenmaterial und der Ofenconstruction verdient das Feuerungsmaterial besondere Aufmerksamkeit. Die zerstörende Wirkung der Steinkohlenfeuerung auf Gusseisen, vermöge des Schwefelgehaltes der Steinkohle, ist bekannt; aber nicht das allein macht die Steinkohle zur Retortenheizung wenig geeignet, es ist vielmehr noch der Umstand, dass mit solcher Kohle geheizte Retorten sehr leicht überheizt werden und wenn nun auch ein Schmelzen der Retorte kaum eintreten kann, da sie durch das einströmende Oel fortwährend abgekühlt wird, so kann die Retorte doch bei Steinkohlenfeuerung recht gut hellorange geheizt und gehalten werden. Bei solcher Temperatur aber ist der Vergasungsprocess unvortheilhaft; denn dann zersetzen sich die höheren Kohlenwasserstoffe wieder, der Kohlenstoff schlägt sich als Graphit und Russ nieder, der Wasserstoff aber verflüchtet, — man sagt für solchen Fall — das Gas verbrennt in der Retorte. Auf solche Weise gehen natürlich eine Menge Leuchtstoffe verloren. Hat nun auch der Vergasungsprocess in der Retorte noch nicht genau beobachtet werden können, so weiss man doch bestimmt, dass bei Kirschrothglühhitze, also bei 900—1000° C., die ausgiebigste Gasbildung erfolgt. Diese Temperatur erreicht man am besten und unterhält man am leichtesten mit einer Mischung von Braun- und Steinkohle. Je nach Lage der Gasanstalt wird man freilich bei der Wahl des Feuerungsmateriales ökonomische Gründe mit entscheiden lassen müssen. Beim Anheizen und Feuern der Retorte beobachte man, ein langsames Anheizen und eine häufige Beschickung mit geringen Mengen Material, zur Unterhaltung eines flammenden Feuers und der gleichmässigen Temperatur der Retorte. Neu erbaute Oefen lasse man wenigstens 8 Tage austrocknen oder heize sie 4 bis 5 Tage mit gelindem Holzfeuer, ehe man die Oefen betreibt, sonst wird das Mauerwerk rissig und der Ofen auseinandergetrieben, wobei selbst stärkste Verankerungen springen. Man gibt dem Ofen nicht Bewurf (Verputzung), sondern fugt ihn aus; Putz springt ab, ausgefugte Oefen halten sich weit länger ansehnlich.

Der Vergasungsprocess in der Retorte.

Dabei ist viererlei zu beobachten:
1. die Retortentemperatur,
2. der Oeleinlauf,
3. der Retorten-Manometer,
4. der Probirhahn.

Die Temperatur der Retorte soll $+ 1000^{0}$ C. in keinem Falle übersteigen — bei solcher Temperatur muss die Retorte, durch das Guckloch beobachtet, kirschroth aussehen.

Die Zuführung des Vergasungsmateriales erfolgt durch einen einfachen Kegelhahn und das Oeleinlaufrohr aus dem Oelbehälter. Der Oeleinlaufhahn, ein Messinghahn wie auf Tafel Nr. 3, hat einen getheilten Schnabel, wovon der eine abwärts geht, der andere in der Verlängerung des Gehäuses auslaufend, durch eine Schraube geschlossen wird, durch Entfernen dieser Schraube ist es möglich, den Hahn bei Verstopfungen zu reinigen, indem man ein Holz oder Draht durch Gehäuse und Kegelöffnung des Hahnes stösst. Der Oelbehälter ist ein rundes oder viereckiges Eisenblechgefäss und so gross, dass es mindestens so viel Oel fassen kann, als die daraus gespeisten Retorten in 2 und 3 Stunden verarbeiten. — Im Oelbehälter nahe über dem Boden desselben befindet sich ein flaches, auf angenietetem Flacheisen liegendes Sieb mit erbsengrossen Löchern, — viele Vergasungsöle bilden bei $+ 10^{0}$ C. schon eine dicklich, klumpende Masse; — füllt man diese ohne Weiters auf, so entstehen Versetzungen der Oeleinlaufvorrichtung; das in dem Oelbehälter befindliche Sieb lässt nun die dünnflüssigen Theile an den Hahn gelangen, die dicken Theile dagegen erwärmen sich bald im Oelbehälter durch die vom Retortenofen ausgeströmte Wärme.

Die Oeleinlaufröhren wiederum schützt man vor Verunreinigung wirksam, indem man die Trichter mit engmaschigem Messingdrahtgewebe überspannt, — Sand und sonstige verunreinigende Bestandtheile bleiben auf dem Drahtgewebe haften. — Sehr dickflüssige oder leicht crystallisirende Oele wärmt man vor der Vergasung vor, indem man dieselben in einem Blechgefässe auf eine Stelle des Abzugsfeuerungscanales stellt, die nur mit einer 25—30 mm dicken Chamotte- oder dünnen Eisenplatte abgedeckt ist. — Der Retortenmanometer besteht aus zwei correspondirenden Glasröhren, die auf einer Scala befestigt sind und mit Wasser gefüllt werden; die Scala ist in dem üblichen Landesmaasse eingetheilt. — Die Verbindung des Manometers mit der Retorte erfolgt, wie auf Tafel Nr. 3 angegeben, durch ein 10 mm l. W. schmiedeisernes Rohr, welches einerseits in das Retortenübersteigrohr eingeschraubt wird, andererseits vermittelst Gummischlauches mit den Manometerröhren verbunden wird. Aus dem Uebersteigrohr steigt die Manometerleitung gerade 0,50 bis 1 m in die Höhe, damit die theerigen Bestandtheile des Gases condensirend zurücklaufen; am tiefsten Punkte der Manometerleitung ist ein Theersack angebracht. Der Probirhahn ist ein 10 mm l. W. Schlauchhahn der auf ein kurzes Gasrohr geschraubt, sich in das Retortenabgangsrohr einsetzt, dieser Hahn mündet möglichst nahe dem Retortenkopfe resp. Stutzen, damit beim Oeffnen des Probirhahnes ganz gleichfarbige, wie die die Retorte verlassende Gase ausströmen. Bei dem Vergasungsprocesse nun werden die vorbeschriebenen Theile wie folgt gehandhabt. — Sobald die Retorte kirschrothglühend geworden ist, wozu bei der stehenden 3—5 Stunden, bei der liegenden 1—2 Stunden Zeit erforderlich sind, wird der Oeleinlaufhahn so weit geöffnet, dass so viel Oel einströmt, um nach einigen Minuten den Manometer auf 75 bis 100 mm Druck zu treiben. — Die Wassersäule muss sich lebhaft in einer Niveaudifferenz von 6—10 mm auf- und abbewegen. Beim Oeffnen des Probirhahnes strömt ein farbiger Dampf aus, der bläulich-weiss aussehen muss, wenn die Destillation eine regelrechte ist. — Manometer und Probirhahn sind zwei sich unmittelbar controlirende einfache Apparate, deren Handhabung richtig verstanden und begriffen sein muss, bevor man überhaupt Oelgas fabriziren kann.

Steigt der Manometerdruck auf über 125 mm, bei sonst regelrechter Eintauchung in der Vorlage und Wäsche, sowie geregeltem Gasometerdruck, so strömt entweder

      a) zu viel Oel ein und die Destillationsprodukte spannen durch ihr grösseres Volumen, oder

      b) es ist eine Verstopfung vorhanden, event.

      c) der Gasbehälter klemmt, d. h. er ist am freien Aufsteigen verhindert.

In solchem Falle wird man zuerst den Probirhahn öffnen; entströmt demselben dickflockiger, weisser Dampf, so ist der Oeleinlauf zu stark; zeigt der Probirhahn dagegen dünnbräunlichen Dampf, so liegt eine Störung durch b oder c vor.

Beträgt der Manometerdruck weniger als 60 mm und bewegt sich die Wassersäule desselben gar nicht oder nur träge, so fliesst entweder

      1. zu wenig Oel ein, oder

      2. es ist die Retorte zu heiss, event.

      3. nicht heiss genug,

dann zeigt der Probirhahn beim Oeffnen

      zu 1 und 2 bräunlich gefärbten, dünnen Dampf,

      zu 3 ganz dicklich weissen, flockigen Dampf mit theerigen, flüssigen Stoffen untermengt.

Man sieht, es ist möglich Störungen sofort zu finden und den Vergasungsprozess sofort zu reguliren; die gleiche Ursache lässt sich in ihrer Wirkung sowohl am Manometer ablesen, als durch den Probir- hahn erkennen; man kann sogar z. B. bei Verstopfungen sofort die betreffende Stelle ausfindig machen, wenn man nicht nur der Retorte, sondern jedem Apparate, als auch dem Gasometer eine besondere Manometereinrichtung giebt, die sich im Retortenraume in einem Kasten vereinigen; ein Blick auf das Manometerbrett wird sofort die Störung erkennen lassen, der störende Apparat oder das zwischenliegende Verbindungsrohr zeigen dann erhebliche Druckdifferenzen; — entbehrlich ist der Retortenmanometer so wenig, wie der Manometer eines Dampfkessels oder das Sicherheitsventil eines solchen, — eben so wenig sollte ein Probirhahn fehlen. — Die Folgen einer Ueberheizung der Retorte sind in jedem Falle nachtheilig, ein Mal auf das Retortenmaterial selbst und dann auf die Gasproduction, während eine zu niedrige Retortentemperatur nur die Gasausbeute beeinträchtigt.

In ersterem Falle verbrennt, wie schon nachgewiesen, das Gas in den Retorten — im anderen, destilliren nur die leichtflüchtigen Oele und nur sie verwandeln sich in Gasform, während die schweren nur Dampfform annehmen oder gar nicht verdampfen und sofort als Theer austreten, während die dampfförmigen Theile erst dazu in den Apparaten condensiren. — Man erzeugt so entweder ein specifisch leichtes Gas oder zu viel Theer. — Ein zu schwacher Oeleinlauf bei richtiger Retortentemperatur ist nicht nachtheilig auf die quantitative, wohl aber auf die qualitative Ausbeute; — solcher Weise erzeugt man mehr, aber specifisch leichteres, leuchtschwacheres Gas. Die in den vorhergegangenen Tafeln an- gegebenen Rostflächen der Retortenöfen genügen für jedes Heizungsmaterial (klare Braunkohle wird aber nie zur Retortenheizung auf Planrost benutzt werden können). Der (Fuchs) Abzugscanal für das Retortenfeuer soll je nach Höhe des Schornsteins ½ bis ⅓ Theil des Querschnittes der Rostfläche betragen. — Zugschieber von Gusseisen (schmiedeeiserne verbrennen schnell) sind unentbehrlich — besonders bei hohen Schornsteinen und scharfem Zug. Es sind ausserordentlich viele Versuche mit verschiedenen Retortenconstructionen angestellt worden, weil eben von der vortheilhaften Retorten- anlage die Rentabilität der ganzen Gasfabrik abhängt. Man ist in der Hauptsache auf gusseiserne Retorten angewiesen, weil die Oelgasbeleuchtung namentlich in kleineren Verhältnissen Anwendung findet, wobei ein continuirliches Fabriciren nicht nöthig ist und weil andererseits die Production dieses Leuchtgases eine rapide ist und bei dessen grosser Leuchtkraft der Consum ein nur geringer sein kann.

Chamotterretorten, die bekanntlich permanent geheizt werden müssen, hat Riedinger zuerst zur Oelgasfabrikation verwerthet; solche Retorten sind in einer der grössten städtischen Oelgasfabrik, in Schio in Italien, seit langer Zeit in Betrieb — dort wird namentlich bituminöses Schieferöl vergast. Die Resultate sollen gute sein — andere städtische und grosse Privatölgasanstalten werden ohne Zweifel nach und nach auch Chamotterretorten einführen und mit um so grösserem Vortheil, als man bei diesem Retortenmaterial carbonisirtes Hydrogen produciren kann, was bei gusseisernen Retorten wegen der raschen Materialabnutzung als unrentabel sich erwiesen hat. Selligne hat schon 1834 in Paris Hydrocarbongas, unter Benutzung bitumniösen Schiefers, White 1851 in England vermittelst Oel und Harz (später Cannelkohle) — noch später Leprince mit fetter Steinkohle, erzeugt, während Gillard sogar reines Wasserstoffgas 1850 in Passy bei Paris einführte. — Während sich nun sämmtliche dieser Processe nicht verbreiten konnten, ist man in neuerer Zeit wieder auf das Hydrocarbongas aufmerksam geworden und in dieser Hinsicht machten auch wir weitgehende Versuche, die indessen zu einem befriedigenden Endresultate bislang noch nicht gediehen sind, die aber hier mitgetheilt werden, um Anderer Aufmerksamkeit darauf zu lenken und womöglich gleichfalls zu Versuchen Veranlassung zu geben. — Es ist gar nicht zu bestreiten, dass der Methode ein durchaus rationelles Princip zu Grunde liegt. — Das Hydrogen dient nur als Mittel zum Zweck, es nimmt die Kohlenwasserstoffe und Dämpfe in sich auf und verhütet deren Zersetzung beziehentlich Verdichtung. — Dadurch erreicht man eine erhebliche Vermehrung der Gasvolumen, ohne die Leuchtkraft des Gases wesentlich zu beeinträchtigen und ohne Vermehrung der Productionskosten. — Das Verfahren ist das folgende:

Die Retorte, nach Tafel VII aus Gusseisen von ⊖ Form, ist in zwei Räume getheilt; — der obere, höhere Raum (Kammer) ist bestimmt, das Oel zu vergasen, während der untere, niedrigere Raum das rothglühende Hydrogen erzeugt; — zu diesem Zwecke ist derselbe mit Coke und Eisenspänen angefüllt, auf welche durch ein trompetenförmig gebogenes Rohr Wassertropfen geleitet werden. Das Wasser befindet sich in dem vorderen, dem Wasserbehälter; sein Ausfluss wird durch einen kleinen Hahn regulirt. Der Oeleinlauf geschieht, wie früher beschrieben, in die obere Retortenkammer. Retortenverschluss und Einmauerung sind genau wie vorher. Der Zwischenboden der Retorte stösst vorn an den Retortenverschlussdeckel genau an, in einen an die innere Deckelfläche angegossenen Falz eingreifend — von dem hintern Retortendeckel steht jedoch dieser Zwischenboden weit ab und so wird eine Verbindung der beiden Kammern vermittelt. Am hinteren Retortendeckel befindet sich eine Oelrinne welche das Vergasungsmaterial auffängt und in den oberen Retortenraum leitet. — Sobald die Retorte Kirschrothglühhitze erreicht und der Oeleinlauf begonnen hat, bilden sich in der oberen Kammer Oeldämpfe und Gase — gleichzeitig wird mit dem Wassereinlauf begonnen — und zwar lässt man, je nach Beschaffenheit des Vergasungsmateriales, 40 bis höchstens 100 Wassertropfen per Minute einströmen. Die Wassertropfen verdampfen — der Sauerstoff wird durch die glühenden, festen Kohlenstoffe absorbirt. — Der freiwerdende Wasserstoff dagegen durchstreicht die untere Retortenkammer nach rückwärts und kann sich gerade im Entstehungszustande der Oeldämpfe und Gase mit diesen vermischen. — Bei der Oelgasfabrikation aber scheidet sich überschüssiger Kohlenstoff aus und dieser geht hauptsächlich mit dem Wasserstoff in gasförmige Verbindung ein. — Diese, so zu sagen überschüssigen Kohlenstoffe gehen ohne Vermengung mit Hydrogen verloren, d. h. sie nehmen nicht gasförmige Gestalt an, sondern condensiren oder zersetzen sich weiter und erscheinen in Form von Graphit, Russ etc. Die Einwirkung des Wasserstoffes hat einen überraschenden Erfolg; bei 60 Tropfen Wasserzufluss per Minute wurde aus Mineralöl von 0,880/890 spec. Gewichte producirt 1340 cbf engl. Der Theerabgang betrug 15—18 pCt., d. i. 33⅓ pCt. mehr Gas, — 50 pCt. weniger Theer. Das solcher Weise

Ansicht
Vue
View.

b

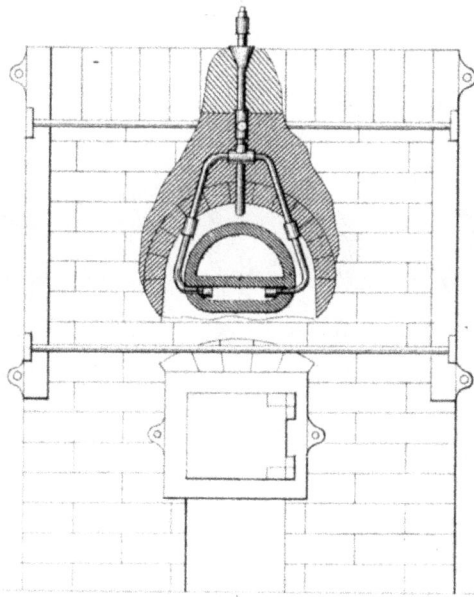

a

Hydrocarbongas Retorten-Ofen.

Four à cornue pour le gas hydrogène carbone

HYDROCARBON-GAS RETORT-FURNACE.

Wasser Behälter

Réservoir à eau

Water basin

Schnitt   a b

Coupe   a b

Section   a b

Oel Behälter

Bassin à huile

Oil Basin

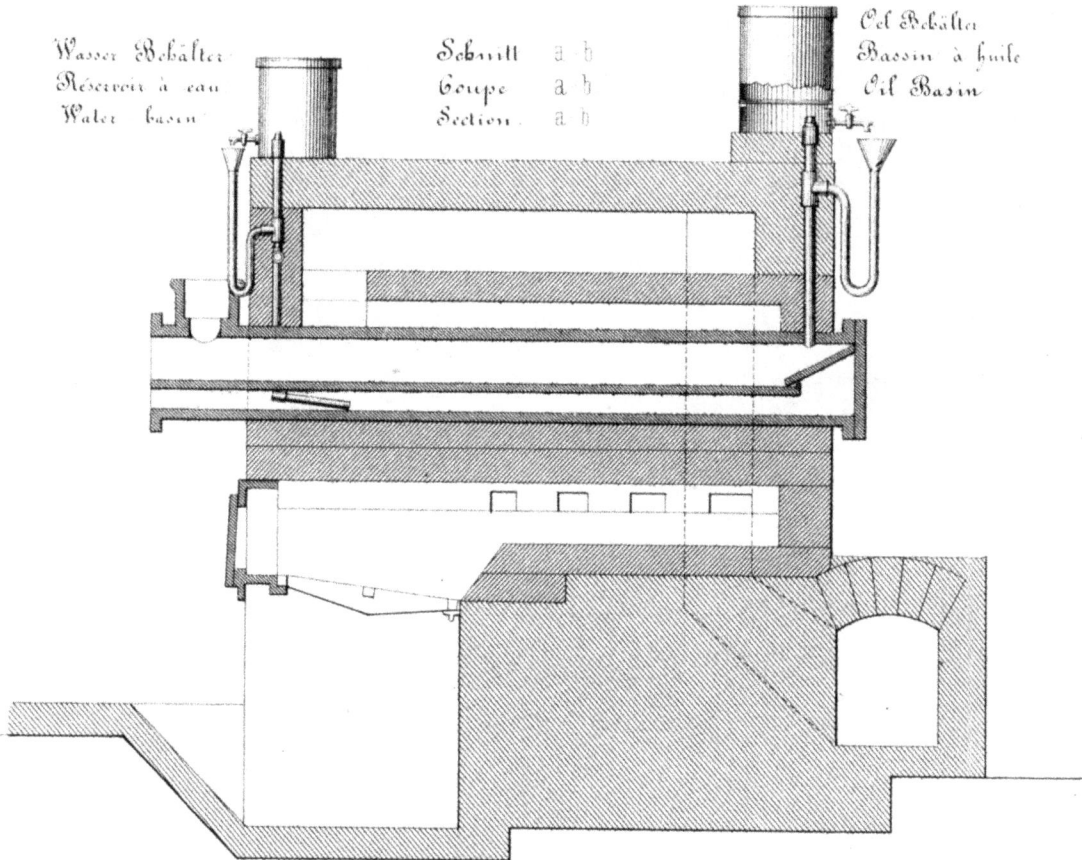

Maassst   1:20

Echelle   1:20

Scale   1:20

gewonnene Hydrocarbongas hat nach Untersuchungen, die die königliche Gewerbestelle in Stuttgart durch Dr. Lauber und Dr. Klinger anstellen liess, folgende Leuchtkraft:

Stündlicher Consum in cbf engl.	Druck unter dem Brenner	Lichtstärke Normalkerzen
0,60	11 mm	5,8
0,80	12 mm	7,—
1,—	15 mm	10,5

Das specifische Gewicht des Gases bei $+ 18^\circ$ C. $= 0,748$.

Die Retorten zeigten einen trocknen, körnigen, lose liegenden Rückstand. Das Gas brannte mit weisser, angenehmer Flamme. Das gleiche Verfahren hat Hirzel angewendet, nur mit dem Unterschiede, dass er das Hydrocarbongas in zwei getrennten Retorten erzeugte.

Aus einer ganzen Reihe anderer Betriebsresultate aus Hydrocarbongasanstalten geht deutlich hervor, dass die Methode rationell ist; — sie hat auch für die Verwendung des Oelgases noch ganz besondere Bedeutung dadurch, dass das Oelgas verdünnt (kohlenstoffärmer) wird und weniger zum Russen neigt — sich auch wegen seines höheren Wasserstoffgehaltes vortheilhafter zum Heizen, Löthen etc. eignet. Das Verfahren hat sich in der Praxis nicht erhalten können, weil die Retortenabnutzung eine rapide war — nach 4 bis 8 Wochen schon zeigte die gusseiserne Retorte tiefe Risse, die sich lediglich auf die Wasserzersetzung und die Einwirkung des dabei absorbirten Sauerstoffes zurückführen liessen. Riedinger wendet bei der Chamotte-Oelgasretorte unsers Wissens die Wasserzersetzung an — nimmt dieselbe aber in einer separaten, gusseisernen, röhrenförmigen Retorte vor und leitet das freiwerdende Hydrogen in die Chamotteretorte ein; — natürlich kann bei solchem Verfahren nur das gusseiserne Rohr einer schnellen Abnutzung ausgesetzt sein und das hat keine erhebliche ökonomische Redeutung. Nach unsern günstigen, ersten Resultaten bei dem Verfahren, acceptirten einige 20 Oelgasfabriken die Hydrocarbongas-Doppelretorte — nachdem sich indessen die Retortenabnutzung als sehr erheblich grösser herausstellte, musste man die neue Methode aufgeben — man wollte aber doch wenigstens die einmal vorhandenen Retorten aufbrauchen und so liess man den Wasserzulauf weg — an dessen Stelle das Oel in die untere Retortenkammer einführend; — auf diese Weise musste die Vergasung gewissermaassen eine doppelte werden, indem die Dämpfe und Gase erst die untere und dann die obere Kammer zu passiren gezwungen waren. Die Resultate dabei waren vorzügliche. Es ergab:

die ⌒-förmige einfache Retorte	die ⌒-förmige Doppelretorte
Production per Stunde 255 cbf	296 cbf sächs.
„ „ 50 kg Oel 900 „	1155 „ „

mithin 28,3 % Mehrausbeute aus 50 kg Oel
16 % schnellere Gasproduction.

Die Leuchtkraft zeigte eine Abweichung nicht. Die Theerabgänge reducirten sich auf 20 bis 25 %. Die Retorte blieb, soweit sie im Feuer lag, ganz rein. So entstand unsere Doppelretorte wie sie sich seit 3 Jahren in über 100 Anlagen einführte und überall als vortheilhafter zeigte. Eine neue Construction ist es im Princip nicht. Pintsch benutzt schon lange, neben mehreren andern Oelgastechnikern, Doppelretorten — indessen er legt 2 separate Retortenkörper übereinander, die einen gemeinschaftlichen Kopf haben — Tafel Nr. VI hat einen solchen Doppelretortenofen veranschaulicht. Unsere Retorte dagegen ist in sich eine Doppelretorte. Das hat sich auch als vortheilhafter bewährt. Bei der Zweikörper-Doppelretorte kann die Feuerungsanlage nie so eingerichtet werden, dass sich die beiden Retortenkörper gleichmässig erwärmen und ausdehnen — daher entstehen leicht Undichtheiten an der Stelle, wo der Retortenkopf beide Retorten verbindet; — derselbe steht zudem frei, durch ihn müssen die Gase und Dämpfe streichen und sich abkühlen, das ist eine Unterbrechung des Vergasungsprocesses; — endlich wird eine solche Retorte immer das Doppelte unsrer Construction wiegen; der Einbau ist kostspieliger, die Unterhaltung, die Erneuerung und schliesslich auch die Unterfeuerung.

Was die Reinigung der Retorten anbelangt, so hat man zwei Methoden:

1. warme Reinigung durch Ausbrennenlassen der Retorte, wenn dieselbe noch glühend ist, oder
2. kalte Reinigung durch mechanische Entfernung der Rückstände nach dem Erkalten der Retorte,

Warme Reinigung durch Ausbrennen ist überall erforderlich, wo die Retorten continuirlich betrieben werden. Wo das nicht der Fall ist, soll man nur die mechanische Reinigung anwenden, weil sie das Retortenmaterial am Wenigsten abnutzt; man lässt die Retorte zu diesem Zwecke vollständig geschlossen abkühlen und entfernt nach dem Erkalten die festen Rückstände vermittelst einer, vorn meiselartig abgeflachten Rundeisenstange. Ist man genöthigt, die Retorte ausbrennen zu lassen, so geschehe das in der Weise, dass man nicht gleich beide Verschlüsse öffnet, sondern erst den einen und dann den andern so zwar, dass immer nur ein Verschluss entfernt ist. Auf diese Weise vermeidet man den Zutritt der Luft in die Retorte und deren plötzliche Abkühlung, welche häufig ein Reissen der Retorte herbeiführt. Gesprungene oder gerissene, liegende Retorten kann man wirksam repariren, indem man den Riss mit einem breiten Flacheisen oder Kesselblech umzieht der um die ganze Retorte reicht. Das aufzuziehende Eisen muss weissglühend sein. Man verbindet es mit der Retorte noch extra durch Nieten oder Schrauben. Solche geflickte Retorte wird nach mehrmaligem Betriebe wieder ganz dicht sein. Einen wirksamen Kitt für gusseiserne Retorten giebt es bis heute noch nicht. Die Retorten- abgangsröhren schliessen sich direct an den Retortenstutzen oder Retortenkopfstutzen an, ihre Form nach Tafel Nr. III für liegende Retorten am Gebräuchlichsten, unterliegt vielfachen Abweichungen. Haupt- sache ist, dass die einzelnen Röhren untereinander Flanschenverbindung haben und mit Knieen versehen sind, welche Reinigungsdeckel besitzen, damit man nicht nur sofort die Reinigung vornehmen kann, sondern es auch möglich ist, die Röhren ohne Weiters auseinander zu nehmen. In diese Röhren sind Probirhahn und Manometer befestigt.

Die Weite der Retortenabgangsröhren, welche man auch eintheilt in Auf-, Uebersteig- und Tauch- Röhren, wird immer durch die Grösse der Retorte und deren Maximalleistung bedingt. Die Weite beträgt nicht unter 100 mm und steigt nicht über 150 mm. Weitere Röhren vertheuern die Anlage unnöthig und engere sind nachtheilig, weil sie sich weit schneller zusetzen. Die glühenden, aus der Retorte abgehenden Gase und Dämpfe condensiren ganz unvermeidlich schon theilweise in den Abgangs- röhren und je enger diese sind, desto rascher ist die Abkühlung und Verstopfung herbeigeführt. Die Abgangsröhren führen die Dämpfe und Gase auf dem möglichst kürzesten Wege nach der Vorlage; je kürzer dieser Weg, desto besser. Ob die Vorlage auf, neben oder am Fusse des Retortenofens steht ist ganz gleichgültig, der Zweck bleibt lediglich der, die Retortenproducte recht schnell in einen gemein- samen Sammler zu führen, sie dort vor dem Rücktritt in die Retorte abzuschliessen und schon in diesem Sammler möglichst ergiebig zu verdichten.

Das Placement für die Vorlage (Hydraulik, weil sie einen Wasserverschluss bewirkt) hängt nur von der Retortenanlage ab; man habe dabei nur immer den Zweck im Auge, wie schon gesagt, die Retortenproducte möglichst schnell in der Vorlage zu sammeln. Lässt sich damit der weitere Vortheil verknüpfen, dass die Vorlage frei und luftig steht, nicht etwa in der Nähe von Wärme ausstrahlenden Körpern, so ist deren Zweck allseitig und auf das Vollkommenste genügt. Zur Erlangung einer grösseren Kühlfläche und eines grösseren Sammelraumes construirt man die Vorlage U-förmig. Sie wird aus 2 mm Eisenblech gefertigt, mit Ausputzmannloch versehen und der Deckel mit Mutterschrauben, zum bequemen Abnehmen, befestigt. Tafel Nr. II und III zeigen die Vorlage im Querschnitt, die Skizzen zu den Gasanlagen: in Ansicht von oben und seitlich. Gusseiserne Vorlagen sind kostspieliger und nicht vortheilhafter, sie erwärmen sich zwar langsamer, kühlen aber auch, einmal warm, die Destillations- producte nicht mehr so ausgiebig ab. Es ist in jedem Falle vortheilhaft, die Vorlage mechanisch zu kühlen, indem man entweder dieselbe mit Wasser berieselt oder die Wasserfüllung der Vorlage con- tinuirlich durch Kaltwasserzulauf erneuert und kalt erhält.

Tafel № 8.

Planche № 8

Table № 8

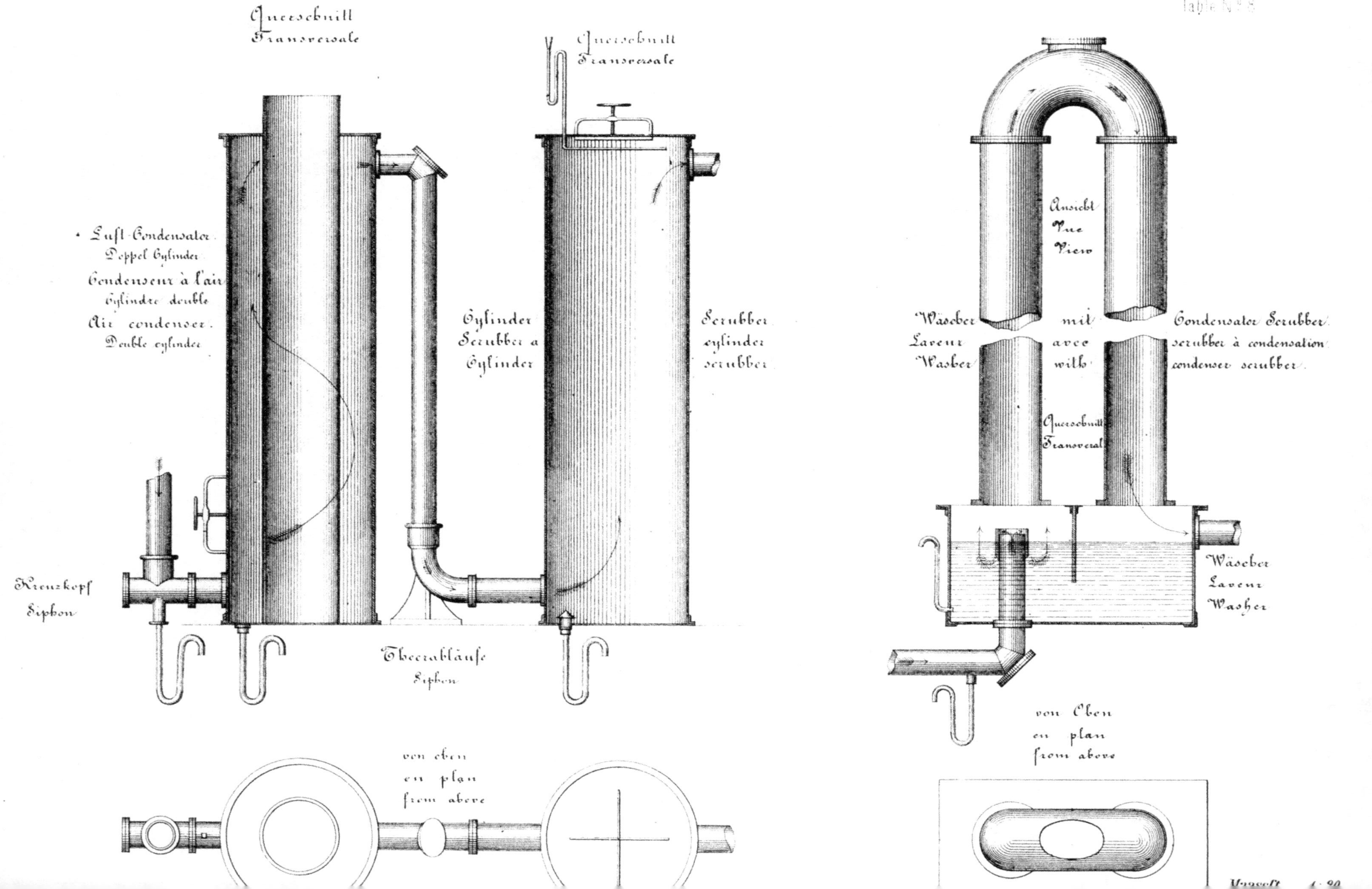

Die Destillationsproducte gelangen durch das Tauchrohr in die Vorlage; dasselbe taucht 40 mm tief in die Flüssigkeit ein; die Destillationsproducte müssen sich deshalb unter der Flüssigkeit empor-arbeiten und dadurch kühlen sie nicht allein ab, sondern sie werden auch vollständig von der Retorte abgeschlossen, so dass man die Retorte öffnen kann, ohne dass die in der Vorlage vorhandenen Gase in jene zurücktreten können.

Aus der Vorlage treten die Gase entweder zugleich mit den Condensationsmassen aus, oder durch ein aufwärts geführtes Rohr, um nach dem Reinigungsraume zu gelangen. In ersterem Falle hat man nicht nöthig einen besonderen Condensationssammler im Retortenraum aufzustellen, was auch nicht vor-theilhaft ist, sondern die Condensationsproducte gelangen im Reinigungsraum in einen gemeinschaftlichen Theersammler. Man hat auch versucht die Retorte aus der Vorlage zu speisen, indem man dieselbe mit dem Vergasungsmaterial anfüllte und durch fortwährende Oelzuführung ersetzte — bei solchem Verfahren werden die in der Vorlage sich erzeugenden Condensationsmassen (Theer) sofort wieder, mit dem Oel vermischt, vergast — ein ganz rationelles Verfahren, das aber eine allgemeine Anwendung nicht finden konnte, weil es bisher nicht gelungen ist, eine Speisevorrichtung herzustellen, welche nicht nur den Oelzulauf in die Vorlage regulirt, sondern auch den Eintritt des Oeles aus der Vorlage in die Retorte nach Bedürfniss zu vermitteln vermag.

Der Reinigungsraum.

In demselben sind die zur Verdichtung und Reinigung des Gases dienenden Apparate aufgestellt, event. auch die Gasuhren und der Druckregulator. Die Verdichtung des Gases wird erreicht durch Erniedrigung der Temperatur desselben, indem man eine Kühlung durch Wasser oder durch Luft, in geschlossenem Raume, herbeiführt. Die Verdichtung des Gases ist gerade bei der Oelgasfabrikation eine grosse Hauptsache und ganz unumgänglich nöthige Manipulation — sie muss ausgiebiger und gründ-licher vorgenommen werden als beim Kohlengas, weil die Oelgase bei weit niedrigerer Temperatur erzeugt, eine Menge Dämpfe und Theerpartikelchen (feste und flüssige Kohlenstoffe) mit sich führen, welche erfahrungsmässig bei $+ 20^0$ C. nicht vollständig verdichtet werden, sondern durch alle Apparate gehend in den Gasbehältern sich niedersetzen, auf dem Wasser des Bassins als Fettstoffe schwimmend erscheinen oder sich in den Leitungsröhren niederschlagen, endlich aber auch bis in die Brenner-öffnungen treten und sich hier als theerige Flüssigkeit absondern und schwarz eintrocknen. — Da man nur einen einzigen Apparat zur Erreichung der erforderlichen Verdichtungsfähigkeit, bei grösseren Anlagen, seiner Grössenverhältnisse wegen nicht construiren wird, auch, wie erwähnt, verschiedene Hilfsmittel zur Verdichtung der Gase vorhanden sind, so wendet man zu diesem Zwecke zweierlei Apparate an:

1. den Luftcondensator,
2. den Wäscher.

Der Luftcondensator Tafel VIII hat Cylinderform; er besteht aus einem engeren, inneren und einem weiteren, äusseren Cylinder. Der innere Cylinder ist unten und oben offen, der äussere, geschlossen. Da, wo das Gas einströmt, ist ein Ausputzmannloch angebracht. Das Material zum Condensator ist 2,5 bis 2 mm dickes Eisenblech. Die Gase passiren vor dem Apparat den gusseisernen Kreuzkörper (Kreuzkopf) nach Zeichnung; derselbe nimmt die aus der Vorlage mit abgehenden flüssigen Theile auf

und entfernt sie durch den an ihm befestigten Theersyphon. Der Kreuzkopf hat seitlich Deckelverschluss zum bequemen Reinigen. Der Condensator wird circa 25 bis 30 cm hoch vom Boden des
Reinigungsraumes aufgestellt und das innere Cylinderrohr durch das Dach des Gashauses verlängert —
auf solche Weise erreicht man eine sehr wirksame, den Apparat abkühlende Luftcirculation. Die in
den Condensator eintretenden Gase durchströmen den Apparat aufwärts, sie können sich ausdehnen
und nehmen eine ruhigere Bewegung an. Dadurch werden namentlich feste Bestandtheile des Gases
zur Absonderung gebracht — sie senken sich nieder.

Tafel VIII zeigt neben dem Condensator einen cylinderförmigen Coake-Scrubber mit Wasser-
berieselung. Dieser Apparat soll den Wäscher ersetzen — man weiss genau, dass, indem man die
Gase an festen, rauhen Körpern vorbeiführt, deren Reinigung wesentlich befördert wird; man füllt
deshalb den Scrubber mit faustgrossen Coakestücken. Die Wasserspülung, die durch das Trompeten-
rohr erfolgt, welches in einem durchlöcherten Kreuzrohr ausläuft, zertheilt und kühlt die ihm entgegen-
strömenden Gase und ruft so durch deren Abkühlung die Theerausscheidung hervor. Der Scrubberapparat hat oben ein Mannloch zum Auffüllen des Coake; unten seitlich befindet sich, analog wie beim
Condensator, ein Mannloch zum Entleeren der Coakefüllung. Solcher Condensator und Scrubberapparat
genügt für eine 12stündige Production von 4 bis 5000 cbf engl.; beide Apparate, um 1 m nach der
Höhe vergrössert, genügen für circa 8000 bis 10,000 cbf.

Der Wäscher wird vortheilhaft mit einem Condensator oder Scrubber combinirt, wie Tafel VIII
und IX zeigen. Der Waschapparat besteht aus einem Eisenblechkasten (2,5 bis 2 mm dickes Eisenblech); in denselben mündet ein Knierohr circa 4 bis 5 cm über die Wasserfüllung; auf der Rohr-
öffnung sitzt eine Haube, welche circa 40 mm in das Wasser eintaucht; die einströmenden Gase gelangen unter diese Haube und drücken sich unter ihr durch das Wasser — so erfolgt eine Bewegung
der Wasserfüllung, eine Zertheilung und innige Berührung der Gase mit dem Wasser, ein förmliches
Waschen, wodurch die Gase am wirksamsten abgekühlt werden.

Der Wäscher Tafel VIII hat einen zweitheiligen Aufsatz, welcher in den Waschapparat mündet und
oben durch ein Bogenrohr verbunden wird. Dieser Aufsatz dient sowohl als Condensator als auch
als Scrubber, indem man die beiden Röhren mit Coake füllt. Der Bogenaufsatz hat einen Deckel zum
Auffüllen; beide Röhren haben unten Mannlöcher zum Entleeren. Die im Wäscher abgesonderten
Theere laufen durch ein Syphonrohr, wie früher beschrieben, ab. Der Wäscher wird durch ein schmiede-
eisernes Gasrohr, das in denselben, wie auf Tafel IX skizzirt, hineinreicht, angefüllt. Der Wasch- und
Scrubber-Condensator-Apparat Tafel VIII genügt für circa 3000 cbf Production in 12 Stunden — der
auf Tafel IX, für circa 1200 cbf; in Verbindung mit dem Luftcondensator und mit 1 m höherem Scrubber-
aufsatz kann eine grössere öffentliche Anstalt, bis zu 10—12,000 cbf Production in 12 Stunden, mit
diesen Apparaten genügend ausgestattet werden.

Der auf Tafel IX skizzirte Wasch- und Scrubberapparat ist gleichfalls aus 2,5 bis 2 mm Eisenblech gearbeitet; da, wo sich der Scrubber auf dem Wäscher aufsetzt, ist der Deckel des letzteren
durchlöchert und dient als Auflage für die Coakefüllung des Scrubber. Die Gase treten unter der
Wäscherhaube ein und durch das, beide Apparate durchsteigende Standrohr aus. Unten seitlich hat
der Scrubber ein Entleerungsmannloch, oben ist er durch Tasse mit Wasserverschluss leicht zu öffnen
und zu schliessen — ein wesentlicher Constructionsvorzug dieses combinirten Apparates.

Alle diese Apparate bewirken jedoch nur eine mechanische Gasreinigung. Um die im Oelgas
enthaltenen, die Leuchtkraft vermindernden, das Gas verunreinigenden Stoffe — Kohlensäure und
Schwefelwasserstoff — zu beseitigen, bedient man sich des Kalk-Trockenreinigers nach Tafel IX.
Derselbe, aus Eisenblech wie die übrigen Apparate hergestellt, ist ein viereckiger Kasten, in dem sich
auf drei über einander liegenden Holzgeflechthorden die Reinigungsmasse ausgebreitet befindet. Dieselbe
besteht aus der Laming'schen Masse — deren Zusammensetzung (siehe Betriebsreglement). Wo er billig
zu haben ist, kann man an deren Stelle auch ausgebrannten Schwefelkies anwenden. Die pulverisirte

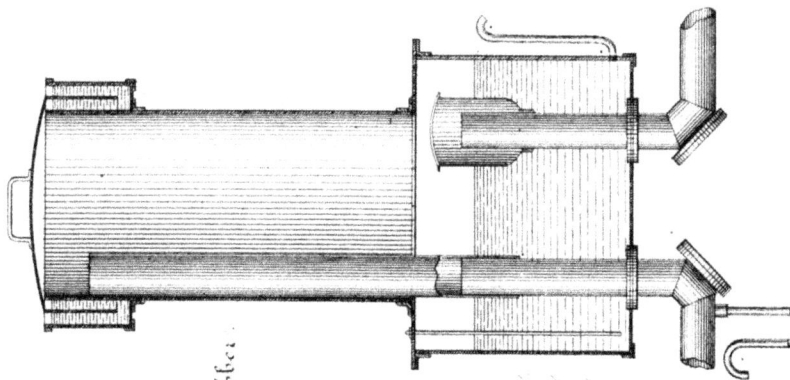

Laveur et Scrubber
WASHER AND SCRUBBER

Scrubber.

Wäscher
Laveur
Washer

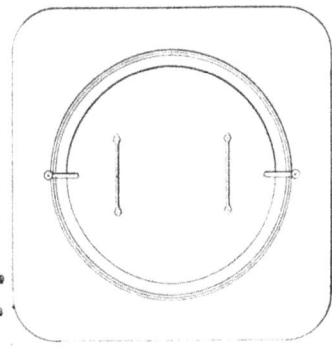

von oben gesehen.
Vue en plan
seen from above

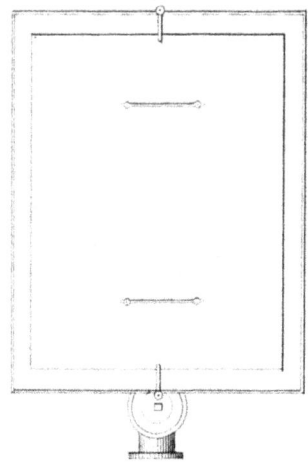

Trocken - Reiniger.

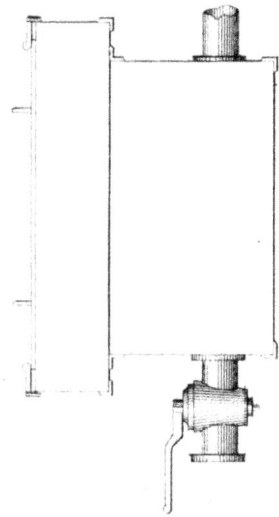

Ansicht seitl
Vue latérale
seen from the side

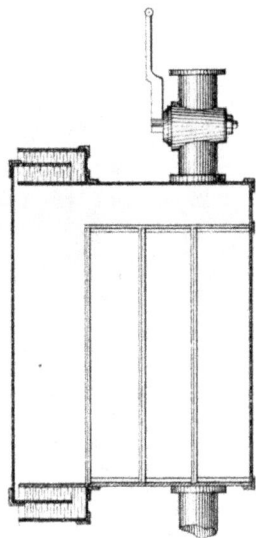

Quer - Schnitt
Transversale

von oben gesehen.
Vue en plan
seen from above

Maassft.   1 : 20.
Echelle.   1 : 20.
Scale.   1 : 20.

Laming'sche Masse verdient um deswillen den Vorzug, weil sie ausser der chemischen auch eine noch-malige mechanische Reinigung bewerkstelligt. Zur Reinigung von 10,000 cbf Oelgas braucht man 2 cbf Laming'sche Masse. Der Reiniger hat gleich dem Scrubber Tafel IX Wasserverschluss; an der Gasausströmungsöffnung befindet sich ein Hauptabschluss-Kegelhahn in Messing oder auch nur mit Messingkücken.

Weder der Wasch- und Scrubberapparat noch der Reiniger sind entbehrlich; während man Luft-condensatoren erst bei Anlagen von über 3000 cbf 12 stündiger Production verwendet, ist der Wäscher sowohl als Scrubber und Reiniger, selbst für den kleinsten Betrieb, nicht entbehrlich, was immerhin von vielen Oelgastechnikern gegentheil angenommen sein muss, denn man fand und findet noch heute eine ganze Anzahl Oelgasanstalten, deren Reinigungsraum auf das ärmlichste ausgestattet ist, wo ein Cylinder-Scrubber Verdichtung und Reinigung bewirken soll — solche Anlagen können ein reines, unschädliches Leuchtgas eben gar nicht produciren; man wird in solchen Anstalten mit häufigen Verstopfungen zu kämpfen haben. Es ist in der That unbegreiflich, mit welcher Sorglosigkeit Oelgasanstalten in die Welt gesetzt worden sind, mit welcher Geringschätzung alle gastechnischen Erfahrungen dabei ausser Acht gelassen werden; bei nur einiger Ueberlegung müsste man die Fehler finden und leicht beseitigen können, aber entweder sind die Herren Constructeure so sehr von der Vollkommenheit ihrer Apparaten-construction überzeugt, dass deren Verbesserung und Vervollkommnung einfach nicht möglich sei, oder aber man glaubt, aus Bequemlichkeit eben, was man immer und immer wieder hört und liest: „Das Oelgas bedarf einer Reinigung überhaupt nicht." Wie gross, wie nachtheilig ist der Irrthum doch. Wenn auch das Oelgas, namentlich an schwefligen Bestandtheilen weit ärmer ist als das Kohlengas, so genügt deren Menge doch, um bei wenigen Gasflammen durch die Verbrennungsproducte nach-gewiesen werden zu können. Goldarbeiter werden bei schwefelhaltigem Gase die Verbrennungsproducte durch Niederschläge auf den Metallen nachweisen; schwefelstoffhaltiges Gas aber besitzt nicht allein eine geringere Leuchtkraft, es wirkt auch nachtheilig auf die Gesundheit.

Wird nun Oelgas nicht von solchen schädlichen Stoffen befreit und auch nicht genügend verdichtet, so kann es nicht Wunder nehmen, dass die Consumenten solchen Gases mit der ganzen Beleuchtung unzufrieden, das ganze System verdammen — ein gut Theil der Vorurtheile gegen die Oelgasbeleuchtung rührt von solch verfehlten Anlagen her. Der Constructeur ist dann natürlich nicht schuld, sondern das Vergasungsmaterial. Wie so irrthümlich ist auch diese Ansicht. Man kann das schlechteste Oel in gutes Leuchtgas verwandeln — aus Creosotöl z. B. producirt man ein reines, leuchtkräftiges Gas.

Bei continuirlicher Gasfabrikation stellt man 2 Reiniger auf, wie Skizze c zeigt. Die Ein- und Ausschaltung der Reiniger geschieht, analog wie in Kohlengasanstalten, durch die Wechslerhaube. Die Verbindungsrohre zwischen Vorlage und sämmtlichen Apparaten, aus Gusseisen, müssen wenigstens 100 mm l. W. haben — alle diese Verbindungsrohre müssen leicht zugänglich, leicht zu reinigen sein und nach den Theerabläufen Fall haben — nirgends darf sich ein sogenannter Theer- resp. Wasser-sack bilden; da, wo das doch nicht umgangen werden kann, bringt man eine Reinigungsschraube an oder ein Syphon. — Der am Reiniger befindliche Abschlusshahn darf nur während der Gasfabrikation geöffnet sein, er ist unentbehrlich zum Abschluss des Gasbehälters von den Apparaten, bei deren Reinigung und Erneuerung der Reinigungsmasse. Die ganze Oelgasanstalt kann man peinlich rein-halten — man muss in einer solchen Alles anfassen können, ohne sich zu beschmutzen. Namentlich halte man den Gasarbeiter zu solcher Reinhaltung strengstens an; er wird solcher Weise genöthigt die Augen auf Alles zu richten, und dadurch gewinnt er mehr und mehr genaue Kenntniss der einzelnen Theile, er wird schliesslich Gefallen an der ganzen Anlage finden, seine Beschäftigung lieb gewinnen. Vor Allem lasse man nicht Gegenstände im Gashause aufbewahren oder auch nur zeitweilig darin stehen, die nicht unmittelbar zur Gasfabrik gehören oder gebraucht werden. Die Theerproducte führt man direct in 100 mm weiten gusseisernen Röhren ins Freie und lässt sie in ein Oelgasbarrel laufen, das nach der Füllung sofort durch ein leeres ersetzt werden muss. Den Theer kann man entweder, in einem Volumen von 30 pCt. dem Oele zugesetzt, wieder zur Vergasung bringen, oder man verkauft ihn, wenn sich Abnehmer in nächster Nähe finden; sonst sind die Theere werthlos und nur zur Befeuchtung der Kohlen, zur Desinfection oder zum Anstrich verwerthbar — sie trocknen übrigens sehr schwer ein. Die Weiterverarbeitung der Oelgastheere, aus denen sicher ganz werthvolle Producte gezogen werden könnten, findet bis jetzt leider noch nicht statt. — Bevor das Gas in den Gasbehälter tritt, lässt man es eventuell die Productionsgasuhr passiren, welche so aufgestellt wird, dass deren Stirnseite (das Zifferblatt) in den Retortenraum sieht — die Uhr also in die Zwischenwand eingemauert wird, die den Retorten- vom Reinigungsraum scheidet. Die Productionsgasuhr ist eine grosse, in gusseisernem Gehäuse befindliche Betriebscontroluhr, wie solche bei Steinkohlengasanlagen überall Anwendung gefunden hat. Die Grösse der Uhr muss der grösstmöglichen Gasproduction entsprechen — es ist rathsam, die Uhr grösser zu wählen als die momentane Maximalproduction nöthig macht, da diese sich stets steigert, dann aber die ganze Uhr unbrauchbar wird. Bei der Auswahl der Uhr gehe man lediglich nach deren Trommelinhalt, beziehentlich darnach, welch' grösstes Gasvolumen pro Stunde die Uhr passiren kann.

Für Privatgasanstalten ist eine Gasuhr füglich entbehrlich — nützlich aber doch immerhin — öffentliche Gasfabriken können solche Uhr überhaupt nicht entbehren — sie controlirt nicht allein den Oellieferanten hinsichtlich der Gleichmässigkeit und Güte des Vergasungsmateriales, sondern auch die Thätigkeit des Gasarbeiters und die Leistungsfähigkeit der Retorten. Zu diesem Zwecke bringt man nämlich eine gewöhnliche Stundenuhr mit der Gasuhr in Verbindung, wobei der Zeiger der Uhr durch ein Hebelwerk, an dem ein Bleistift sitzt, auf eine an der Axe des Schaufelwerkes der Gasuhr befestigte und mit ihr sich drehende, bewegliche Scheibe schreibt, in welchem Verhältnisse die Drehungsgeschwindigkeiten der Gasuhr und Stundenuhr stehen. — Diese Controle bewirkt die Uhr durch graphische Darstellung — (Aufzeichnung).

Die Productionsgasuhr ist, wie auf Skizze *C* angegeben, mit 3 Stück Abschlusshähnen zum Ein- und Ausschalten versehen; auch aus dieser Uhr wird eine Manometerleitung nach dem Retortenraume geführt. Eine andere, sicherere Controle über die Gasproduction, als durch eine Productionsgasuhr, giebt es nicht — Gasometerscalen können nie sichere Compteurs abgeben, weil während der Production häufig auch consumirt wird und weil die Sonnenwärme auf das Gasbehälter-Gasvolumen ausserordentlich vergrössernd einwirkt. Beurtheilt man die Gasproduction und Ausbeute aus einem gegebenen Quantum Oel nach der Gasometerscala, so wird man sich vor Irrungen kaum bewahren können — ein Mal kann man nach einer Gasbehälterscala nie genau das vorhandene Gasvolumen berechnen — wirkt nun noch die Sonnenwärme auf den Gasbehälter, so kann man unter Umständen eine brillante Gasausbeute erhalten. Daher mag es auch kommen, dass viele Gasanstaltsbesitzer der Meinung sind, sie producirten aus 50 kg Oel 1200 und mehr cbf Gas — das sind Resultate, die nur in ganz seltenen Fällen erhalten werden. Hat nun gar Jemand eine in sächsisch-cubischen (den kleinsten) Maassen eingetheilte Gasbehälterscala, so wird der Irrthum ein noch weit bedeutenderer, denn bekanntlich sind die Gasbrenner nach englischen Maassen eingetheilt, die sich zu den sächsischen wie circa 5 : 6 verhalten.

Im Reinigungsraume findet endlich noch der Druckregulator Platz, durch den die Gase aus dem Gasbehälter nach den Consumtionsorten strömen. Der Druckregulator, wie er für Kohlengas benutzt wird, dient auch bei der Oelgasbeleuchtung — er ist für öffentliche und grössere Privatgasanstalten mit variablem Consum unentbehrlich — er vermittelt eine regelmässige Einströmung des zu verbrauchenden Gasquantums und den erforderlichen Druck, unter welchem das Gas am vortheilhaftesten consumirt wird, was von grosser Bedeutung ist, wie wir früher schon nachgewiesen haben. — Der Druckregulator ermöglicht ferner ein vollständiges Abschliessen des Gasbehälters und bei geringer Gasabgabe eine derselben entsprechende Gasdruckreduction in dem Rohrnetz, wodurch der Gasverlust erheblich reducirt werden kann.

Gasbehälter mit Mittelführung in Holz-Bassin.
Réservoir à gaz à guide central au bassin en bois.
GAS BASIN WITH CENTRAL GUIDING IN THE WOODEN BASIN.

Inhalt 17,65 Cub. Mtr.
Capacité 17,65 m c.
Capacity of 17,65 m c.

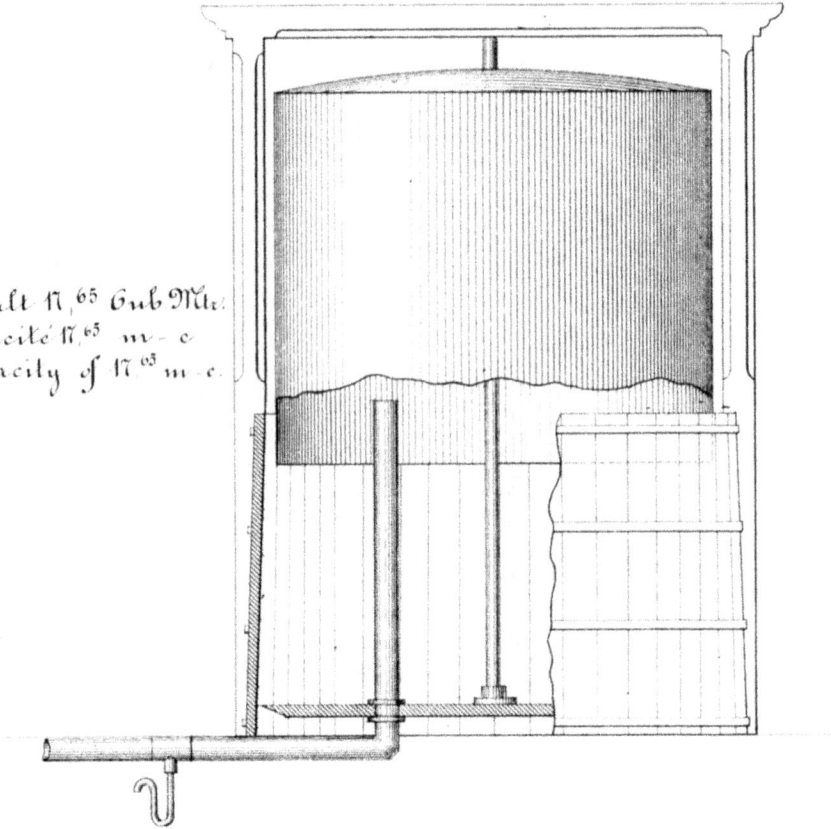

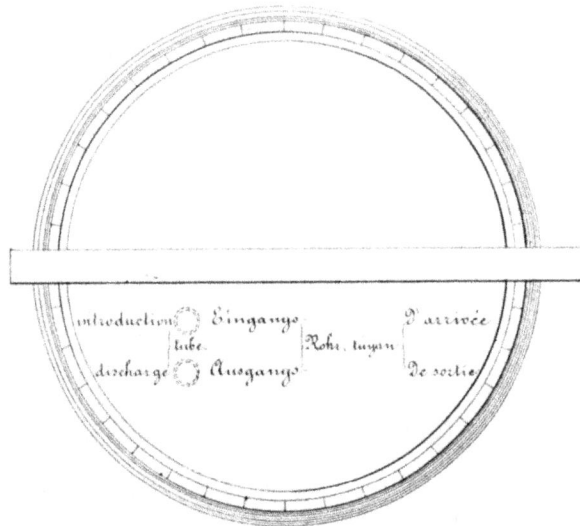

introduction tube.   Eingangs   D'arrivée
discharge   Ausgangs   Rohr, tuyau   De sortie

Maassst   1   50
Echelle   1   50
Scale   1   50

Der Gasbehälter und das Bassin mit Zubehör.

Der Gasbehälter dient zur Ansammlung und Aufbewahrung des Gases; er besteht aus einem unten offenen, oben mit gewölbtem Dache geschlossenen Cylinder aus Eisenblech. Das Dach hat gewöhnlich 1,5—2 mm dickes Blech, der Rumpf 1—1,5 mm. Der Gasbehälter enthält ein Sparrwerk von L und T-Eisen im Innern, auf welches das Eisenblech aufgenietet ist und welches, je nach Grösse des Gasbehälters einfacher oder vielgliedrig ist. Der Gasbehälter ist mit einem auf dem Dache befindlichen Einsteigmannloch zu versehen; er schwimmt frei in dem mit Wasser als Absperrflüssigkeit gefülltem Gasbehälterbassin. Dieses Bassin, bei ganz kleinen Anlagen entweder aus Holz, wie Tafel X. oder aus Schmiedeeisen (für höchstens 2000 cbf), bei grösseren Anlagen gemauert, muss 20 bis 25 cm breiter und höher als der resp. Gasbehälter sein. Gemauerte Bassins stellt man in Bruch- oder hart gebranntem Backstein her, mit einem innern Verputz von Cement. Bei der Fundirung eines solchen Bassins, bei der Wahl des Materials und der Stärke der Umfassungswände werden immer örtliche Verhältnisse entscheidend sein, deren richtige Beurtheilung in den meisten Fällen nur einem mit Baugrund, Baumaterial etc. genau vertrauten Sachverständigen anheimgegeben werden kann. In das Gasometerbassin münden die Ein- und Ableitungsgasröhren aus Gusseisen nach Tafel X, XI und XII, welche entweder in einem besonderen Schacht aus Wassertöpfen auslaufen, in denen sich die Condensationsproducte sammeln und aus denen sie ausgepumpt werden müssen, oder welche nur, wie auf Tafel X, mit einfachen Syphonröhren zu gleichem Zwecke versehen sind.

Ob man die Bassins ganz oder nur theilweise in die Erde einbaut oder auf den Erdboden aufsetzt, werden lediglich örtliche Verhältnisse entscheiden können.

Tafel X zeigt einen Gasbehälter von 17,65 cbm Inhalt in Holzbassin mit Mittelführung. Die Ein- und Ausgangsröhren sind auf dem Boden des Bassins vermittelst Flanschen und Schrauben befestigt, sie münden in 2 besonderen Standrohren im Bassin und reichen über die Wasserfüllung so weit hervor, dass das Wasser nicht einströmen kann. Damit sich das Bassin nicht ganz mit Wasser füllt, durchbricht man es mehrere cm unter dem Bassinrand und hat so einen gleichmässigen Wasserstand. Vermittelst seiner eignen Schwere übt der Gasbehälter einen stärkeren oder schwächeren Druck auf das Gas aus. Derselbe kann nach Bedürfniss durch Entlastung (siehe Tafel XI) vermindert oder durch den Druckregulator, in seiner Weiterwirkung durch das Gasrohrnetz, reducirt werden. Der Druck, unter welchem das Gas in der Retorte erzeugt wird, muss so stark sein, dass er den Widerstand in den Apparaten und Gasometer überwinden kann. Da man nun nicht mit über 120 mm Retortendruck arbeitet, so darf der Gasbehälterdruck nur so stark sein, dass nach Abzug der Eintauchungen in den Apparaten genanntes Druckmaximum nicht überholt wird; andererseits muss aber der Gasbehälter den Druck auf wenigstens 100 mm steigern können, sonst entströmen die Destillationsproducte der Retorte zu schnell und der Vergasungsprocess ist ein ungenügender. Ueber die Grösse der Gasbehälter, für eine Gasanstalt von gegebenem Maximalconsum, lassen sich nur im Allgemeinen bestimmte Regeln aufstellen. Man rechnet für Anstalten mit Tagesbetrieb: die Grösse des Gasbehälters gleich dem grössten Tagesconsum, oder auch das Doppelte oder Dreifache. Je grösser der Gasbehälter bei solchen Anlagen, desto vortheilhafter; denn man ist im Stande Gasvorrath für mehrere Tage mit einem Mal zu fabriciren, nutzt solcher Weise Feuerungsmaterial und Arbeit höher aus, als wenn man durch täglich neues Retortenheizen Feuerung und Arbeitszeit verbraucht. Continuirlich betriebene Gasanstalten benöthigen so einen Gasbehälter, dass $\frac{1}{2}$ bis $\frac{1}{3}$ Theil des Volumens des Maximaltagesconsumes darin aufbewahrt werden kann. Es kommt eben ganz auf die Einrichtung der Anlage und die Betriebsweise an. Gegen Frost verwahrt man den Gasbehälter durch Einführung eines Dampfrohres in das Bassin, oder wo Dampf nicht vorhanden, durch Anlegung einer kleinen Warmwasser-Circulationsheitzung, indem man einen kleinen Eisenblechkessel im Retortenraum einbaut und mit 2 communicirenden Röhren mit dem Gasometerbassin verbindet. Solcher Weise stellt man durch wenige Schaufeln Brennmaterial eine Warmwassercirculation her, die den Gasbehälter leicht und mit wenig Kosten eisfrei erhält.

Tafel XI zeigt einen Gasbehälter mit Seitenführung in gemauertem Bassin, welch' letzteres ein besonderes Futter von Backsteinen hat, während die Umfassungsmauern und Boden sonst in Bruchstein ausgeführt sind. Die Seitenführung ist für Gasometer von über 60 cbm Inhalt schon anzuwenden. Das Sparrwerk des Gasometers Tafel XI besteht aus 2 L Eisenringen, welche den Gasbehälterrumpf oben und unten schliessen. Diese beiden L Ringe sind mit senkrechten T Eisen verbunden; an der Decke laufen T Eisenrippen, die von der Mitte ausgehend mit dem oberen L Ringe verbunden sind — so zwar, dass sie sich steifen und so ein Gewölbe bilden, auf dem die Gasbehälterdeckenbleche aufliegen; die beiden L Ringe sind mit dem Eisenblechcylinder vernietet. Der Behälter läuft vermittelst Rollen an T Schienen, die, auf den Führungssäulen befestigt, bis auf den Boden des Bassins reichen.

Tafel XII zeigt einen Gasbehälter mit Mittelführung in gemauertem Bassin. Das Sparrwerk dieses Behälters ist oben und unten auf die Führungsstange fundirt, von welcher aus unten seitlich, rechtwinklig gerade Rundeisenstäbe nach dem unteren L Ringe führen und desgleichen diagonal nach dem oberen L Ringe. Ueber den Gasbehälter greifen gusseiserne Traversen, die auf gusseisernen Säulen ruhen und im Mittelpunkte über dem Gasometer in einem viertheiligen Herzstück zusammenstossen, durch welches die Führungstange läuft — dieselbe wird in den Boden des Gasbehälterbassins vermittelst gusseiserner Grundplatte fundirt. Die seitliche Führung eines Gasbehälters verursacht eine erheblich grössere Reibung desselben beim Auf- und Niedersteigen. Ein- und Ausgangsrohre sind so tief in den Boden des Bassins fundirt, dass deren Einmauerung in besonderem Kegel wie Tafel XI entbehrlich ist.

Die Gasleitungsröhren mit Zubehör.

Dieselben führen das Gas den Consumtionsstellen zu und bestehen:
1. aus gusseisernen Röhren, soweit sie in die Erde oder durch Wasser zu liegen kommen,
2. in schmiedeeisernen Röhren für Abzweigungen innerhalb bedeckter Räume, überhaupt für die Röhrennetze im Innern der Baulichkeiten.

An eine brauchbare Gasrohrleitung sind hauptsächlich folgende Bedingungen zu knüpfen:
1. gutes und absolut dichtes Rohrmaterial,
2. gasdichte Verbindung der Röhren und Abzweigungen unter einander,
3. richtiges Verhältniss der Caliber des Hauptrohrstranges zu den ihm abgezweigten Leitungen und des gesammten Rohrnetzes zum Gasconsum.

Wenn sich nun auch ganz bestimmte Regeln über die zu wählenden Dimensionen für eine Gasleitung von gegebener Länge und Consum aufstellen lassen, so stösst doch bei einem ausgedehnten Rohrnetz eine genaue Caliberberechnung auf Schwierigkeiten, die sich eben gar nicht absehen lassen; eine Stadt, eine Fabrik, ein Bahnhof dehnen sich oft in einer Weise aus, die vorher nicht berechnet werden konnte — nach einer Seite, wohin man es am wenigsten vorauszusehen vermochte. Solchen Eventualitäten kann man eben nicht wirksam im voraus Rechnung tragen, man nimmt daher auch bei allen grösseren Rohrnetzanlagen $\frac{1}{3}$ bis $\frac{1}{2}$ mal grössere Caliber als der augenblickliche Consum bedingt. Von bedeutenden Gasfachmännern und Practikern besitzen wir sehr genaue Tabellen über die Wahl der Dimensionen bei Kohlengasleitungen, indessen dieselben werden bei grösseren Anlagen kaum jemals

Gasbehälter mit seitlicher Führung (Stein-Bassin.)

Réservoir à gaz à guide latéral (bassin en pierre)

GAS BASIN WITH LATERAL GUIDING (STONE BASIN)

Inhalt 174 Cub. Mtr.
Capacité De 174 m.c.
Capacity of 174 c m

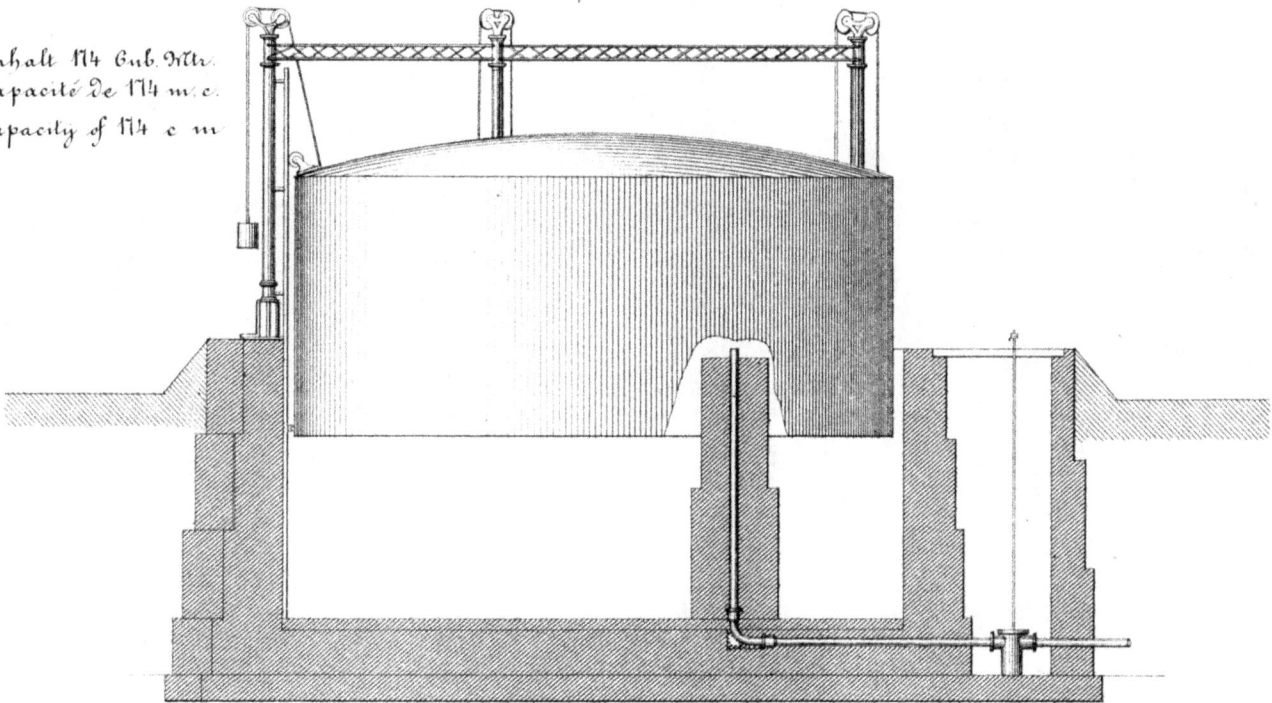

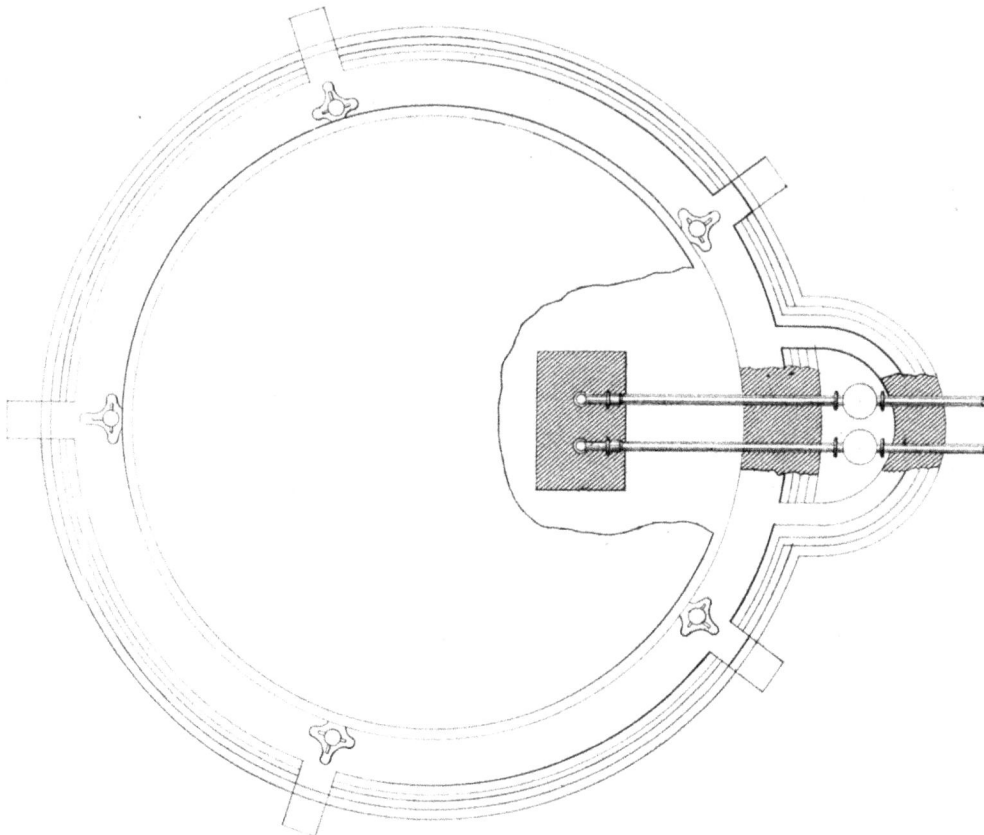

Gasbehälter mit Mittelführung. (Stein-Bassin.)

Réservoir à gas à guide central.(bassin en pierre)

GAS-BASIN WITH CENTRAL GUIDING (STONE-BASIN)

Inhalt 62 Cub.Mtr.
Capacité de 62 m·c.
Capacity of 62 c·m.

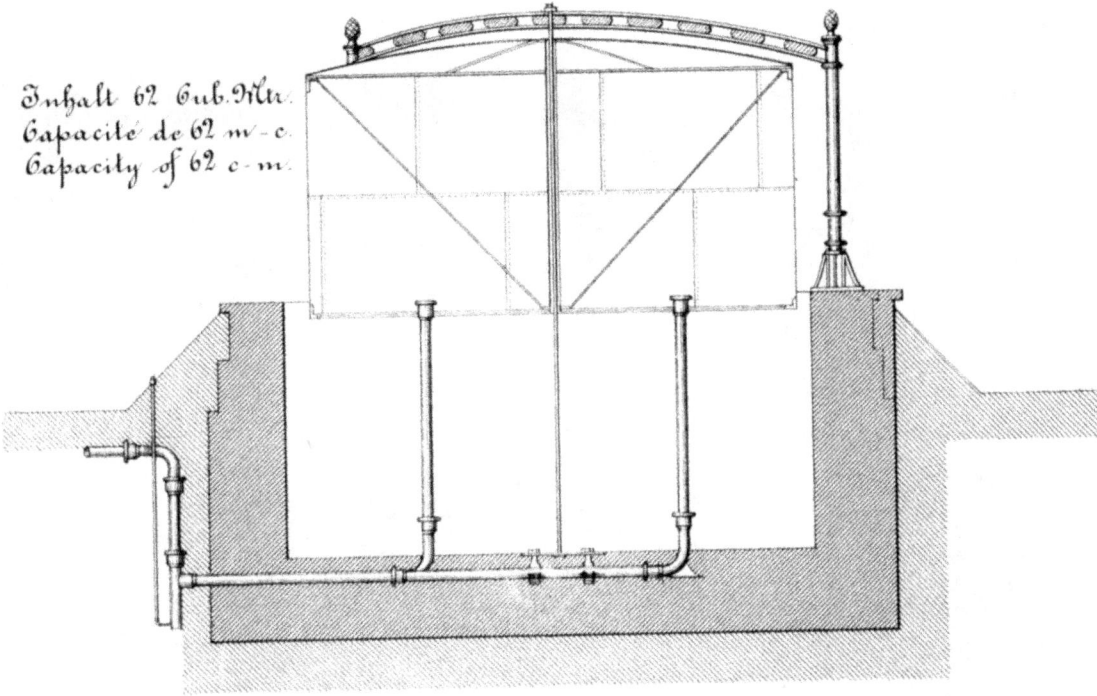

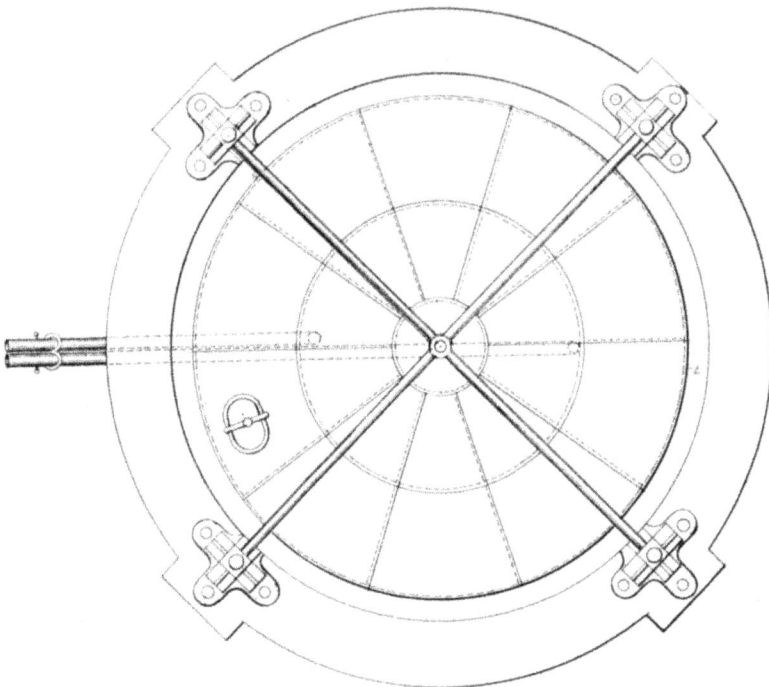

Maassf1   1 : 80.
Echelle   1 : 80.
Scale   1 : 80.

zureichen und jede Stadt, jede grössere Bahnhofanlage etc. arbeiten nach eignem Rohrleitungstarif, der von den vorerwähnten Tabellen beinahe immer abweicht, weil eben auf die bereits vorhandenen Rohrcaliber des Gesammtrohrnetzes, die Niveauverhältnisse des Terrains, die verschiedentliche Consumvertheilung aus den Rohrstrecken Rücksicht zu nehmen ist. Für die Oelgasbeleuchtung ist das Rohrnetz in so fern ein einfacheres, als dessen Ausdehnung immer eine geringere sein wird als bei Kohlengasanlagen. Wir sind bei unseren zahlreichen Oelgasbauten immer der Barlow'schen Tabelle gefolgt und haben dabei Ungenügendes nicht gefunden. Wissenschaftliche Versuche und genaue Berechnungen über die Geschwindigkeit, mit welcher das Oelgas ausströmt, entbehrt man noch, so dass hierfür nur auf die bekannten Formeln zur Berechnung der Ausströmungsmengen eines luftförmigen Körpers bei gegebenem specifischen Gewicht des Körpers, des Druckes, der Dimension, Röhrenlänge und der Steigerungen und des Fallens verwiesen werden kann.

Man kann die Barlow'schen Tabellen ohne weiters auf Oelgas anwenden, indem man für die, aus denselben gefundenen Ausströmungsgasmengen in Cubikfussen, die gleiche Flammenzahl setzt, abzüglich 25 pCt. als Aequivalent der grössern Trägheit, mit welcher das specifisch schwerere Oelgas sich in einem Rohre bewegt. Wir geben im Nachstehenden eine solche Tabelle, die unbedenklich benutzt werden kann und die für viele Fälle genügen dürfte. Zur Erklärung diene noch, dass man bei Oelgas 1 Normalflamme zu 1 cbf engl. Consum pro Stunde calculirt.

Röhrenlänge Meter ..	10	20	30	45	70	90	135	180	270	450	680	900	1140	1400	1600
Anzahl der Flammen bei 10 mm Druck und bei Rohrcaliber															
von 13 mm	50	34	29	21	18	16	13	—	—	—	—	—	—	—	—
„ 19	—	—	80	60	50	40	35	—	—	—	—	—	—	—	—
„ 25	—	—	160	125	100	90	70	—	—	—	—	—	—	—	—
„ 32	—	—	—	215	180	155	125	110	90	—	—	—	—	—	—
„ 38	—	—	—	340	260	240	200	170	140	—	—	—	—	—	—
„ 51	—	—	—	—	550	500	400	350	285	220	—	—	—	—	—
„ 64	—	—	—	—	1000	880	710	615	500	390	—	—	—	—	—
„ 76	—	—	—	—	—	—	1100	900	700	600	500	430	380	—	—
„ 102	—	—	—	—	—	—	—	—	1500	1300	1000	890	790	720	—
„ 127	—	—	—	—	—	—	—	—	2250	1900	1700	1500	1300	1180	—
„ 153	—	—	—	—	—	—	—	—	4000	3500	2800	2450	2200	2000	1850
„ 178	—	—	—	—	—	—	—	—	6000	5000	4200	3600	3200	3000	2750
„ 204	—	—	—	—	—	—	—	—	—	7150	5800	5050	4500	4150	3800

8 mm Rohr genügt für 10 bis 20 Flammen,
6 mm   „   „   „   5 „ 8   „
4 mm   „   „   „   2 „ 1   „

Die Verminderung des Druckes beim Niederführen des Gases beträgt pro Meter 1 mm und die Zunahme des Druckes steigt gleicher Weise im umgekehrten Verhältnisse.

Zur Verbindung der Gussröhren unter einander bedient man sich der Muffenverbindung, indem man Muffen- und Schwanzende zweier Rohre in einander steckt und den hohlen Raum (Becher) mit Theerstrick und Blei ausfüllt. Der Theerstrick wird in Form von gedrehten Seilenden eingekeilt und dann der übrige Raum mit flüssigem Blei ausgegossen. Der sich so bildende Bleiring wird so weit und fest

als möglich in den Becher eingestemmt. Man lasse die Rohre, namentlich in der Nähe der Dicht-
stellen, möglichst auf gewachsenem Boden aufliegen oder, wenn das nicht möglich ist, unterstampfe
man solche Stellen besonders fest, damit ein Setzen und Senken an solchen Stellen möglichst vermieden
wird. Andere als Bleidichtungen sind vielfach empfohlen worden; sie haben sich aber im Grösseren
nicht eingeführt. Die Rohrstrecken in der Erde liegen 3 Fuss (circa 1 m) tief, um sie vor dem
Froste, als auch vor Erschütterungen in belebten, viel befahrenen Strassen zu schützen. Die Röhren
legt man stets auf Fall nach den bestimmten Condensationsmassen-Sammelstellen (Wassertöpfe),
welche man je nach dem Terrain in grösseren oder geringeren Entfernungen in das Hauptrohr oder
an den Endpunkten von Rohrleitungen einschaltet. Diese Wassertöpfe werden nach Bedürfniss durch
Auspumpen entleert, zu welchem Zwecke ein Gasrohr durch den Deckel des Wassertopfes auf dessen
Boden führt — das Rohr verlängert sich bis zum Strassenniveau und wird dort durch einen gusseisernen, verschliessbaren Kasten geschützt. Will man da, wo nur wenige Flammen aus einer Erdrohrleitung zu speisen sind, aus ökonomischen Gründen das theuerere Gussrohr, dessen geringstes Caliber
auch nur bis zu 25 mm erhältlich ist, nicht anwenden, so benutze man allenfalls dickwandige Bleiröhren, die gut gestreckt auf festgestampften Boden montirt werden. Schmiedeeiserne Rohre in die
Erde zu verlegen, ist unbedingt unrathsam, sie werden durch Rost sehr leicht undicht und ganz
zerstört. Zur Herstellung der Abzweigung vom Hauptgussrohr dienen ⊥ und ＋ Stücke, Biegungen
vermitteln Knie — die Reduction eines stärkeren zu schwächerem Caliber ermöglichen conisch gegossene
Röhren.

Will man eine Zweigleitung einer bereits bestehenden Leitung einschalten, so wird das Hauptrohr
entweder angebohrt oder getrennt und vermittelst Doppelmuffen ein **T** Stück eingesetzt. Die Summe
der Caliber der Abzweigungen vom Hauptstrang sollen 10 pCt. höher sein als der Querschnitt des
letzteren, weil in engeren Rohren die Reibung eine verhältnissmässig stärkere ist, der Druckverlust
sonach höher wird. Abschlussvorrichtungen in dem Erdrohrnetz werden in seltenen Fällen angewendet,
wenngleich bei Undichtheiten oder ausbrechendem Feuer, solche Vorrichtungen von grossem Nutzen
sein würden.

Die Rohrleitung im Innern der Baulichkeiten, also das schmiedeeiserne Rohrnetz — es steht in
unmittelbarem Zusammenhang mit der Erdrohrleitung und ist weit mannichfacher als letztere. Der
Anschluss an die Gussrohrleitung soll stets im Innern der Baulichkeiten erfolgen, d. h. man führt das
Gussrohr durch die Umfassungsmauer des zu beleuchtenden Gebäudes und vermittelst eines Knies, in
welches je nach Bedürfniss ein gerades Gussrohr mit Muffe eingedichtet wird, bis zum Fussboden im
Innern und schliesst erst hier das schmiedeeiserne Rohr an, indem man dasselbe in die Muffe des
geraden Gussrohres eindichtet.

Die Einführung muss so geschehen, dass das Zweigrohr Fall nach dem Erdrohr behält, damit die,
gerade hier am häufigsten erfolgenden, feuchten Niederschläge in die Erdrohrleitung treten — wo sich
das nicht bewerkstelligen lässt, bringe man am tiefsten Punkte im Innern des Gebäudes eine Entleerung
an; bei Gussrohr bohrt man ein Syphonrohr an, bei schmiedeeisernem Rohr setzt man ein **T** Stück
ein, dessen längeren Schenkel man beliebig verlängert und mit einem Hahn oder übergreifender Kappe
schliesst. Muss eine Entleerungsvorrichtung im Zuleitungserdrohr ausserhalb erfolgen, so bedient
man sich eines, wie vorher beschriebenen Wassertopfes. Man kann denselben wesentlich vereinfachen
indem man sich eines Guss ⊣ bedient, dessen langer Schwanzschenkel geschlossen ist und einen Boden
hat; die Rohrleitung wird seitlich und von oben angeschlossen. Die Condensationsmassen werden ausgepumpt, indem man am Boden des Schenkels ein 10 mm l. W. Gasrohr einbohrt, das sich analog
des Auspumpwassertopfrohres verlängert. Solche **T** Wassertöpfe genügen vollkommen und kosten nur
⅓ bis ¼ der gewöhnlich angewendeten. Entleerungen bringt man in die schmiedeeiserne Rohrleitung
stets dahin, wo ein Wassersack entsteht oder ein Rohr nach unten führt, also plötzliches Fallen und
Steigen oder nur Fallen der Rohrleitung eintritt. Die Verbindung der schmiedeeisernen Röhren unter

einander geschieht vermittelst Muffen mit Gewinden, in welche je 2 Gasrohrenden eingeschraubt werden. Abzweigungen stellt man durch ✚ und **T** Stücke her; Reductionen durch conische Muffen, Biegungen entweder durch besondere Kniestücke oder bei schwächerem Rohr, durch Biegung des Rohres selbst. Die Befestigung der Rohre erfolgt durch Haken oder Rohrschellen. Den Abschluss der Röhren vermitteln messingene Kegelhähne, die beiderseitig Gewinde haben und so eingeschraubt werden können. Jeder Raum soll einen besonderen Abschlusshahn haben. Jeder Brenner erhält einen besonderen Abschlusshahn (Brennerhahn), mit welchem der Brenner in unmittelbarer Verbindung steht; selbst bei Leuchtern ist es vortheilhaft, für jede einzelne Flamme einen besonderen Brennerhahn zu schaffen. Speist man aus einem Hahn, wie das bei Lustres häufig geschieht, so werden die Flammen ungleich brennen. Man kann das Oelgas unbedenklich auch in Schlafzimmer leiten, wenn die Röhren unter Druck verlegt werden. Die Rohrstrecken in den Baulichkeiten müssen unbedingt frei liegen; eingespitzte und verputzte Röhren lassen Störungen nur schwer erkennen. Die Rohrdefecte treten oft entfernt von den wirklichen Ursachen auf; wenn z. B. eine Diele oder dichter Putz direct auf undichten Röhren liegen, dann strömt das Gas, das sich einen Ausweg suchen muss, wohl entfernt von den defecten Stellen aus — es bleibt dann nichts übrig, als die ganze Rohrstrecke bloszulegen. Erdrohrgasleitungen wird man bei der Dichtigkeitsprobe oder beim Nachsuchen von Defecten ableuchten können, indem man mit einer Spirituslampe die blosgelegte Rohrstrecke bestreicht. Unbestimmte Defecte sucht man durch anbohren des Rohrgrabens. Bei Neuanlagen ist eine Druckprobe vermittelst Luftpumpe unbedingt vorzunehmen. Undichte Stellen findet man durch Abpinseln der Röhren mit Seifenwasser; solche Stellen erzeugen alsdann Blasen. Anders sollte man auch unter allen Umständen nicht bei der Rohrleitung im Innern verfahren. Entstehen bei solcher Defecte an der Decke, so kann unter Umständen so viel Gas ausströmen, dass ein explosibles Gemenge entsteht, das durch den Geruch gar nicht oder nur wenig wahrzunehmen ist, weil die specifisch leichteren Gase an der Decke haften; wird eine solche Rohrleitung mit offener Flamme abgeleuchtet, so erfolgt eine Entzündung des ausströmenden Gases, event. eine Explosion, wie solches ja schon sehr häufig vorgekommen ist. Andere als schmiedeeiserne Röhren im Innern von Baulichkeiten zu verwenden, empfiehlt sich nicht, weil Bleiröhren, welche immer noch häufig in Anwendung kommen, äusseren Beschädigungen mehr ausgesetzt sind, solche Rohre aber durch ihre Weichheit und eigene Schwere sich sehr leicht sacken (senken) und so Verstopfungen hervorgerufen werden. Wo man Nachtflammen unterhält, speist man dieselben häufig aus einer besonderen Nachtleitung.

Die Brennervorrichtungen für die Oelgasbeleuchtung sind analog denen für Kohlengas. Bei der ausserordentlich grossen Leuchtkraft des Oelgases kann man aber natürlich auch nur Brenner mit entsprechend kleineren Oeffnungen benutzen. Das kohlenstoffreiche Oelgas neigt sehr zum Russen und man hat auf die Brennervorrichtungen sein ganz besonderes Augenmerk zu richten. Am geeignetsten sind Schnittbrenner aus Speckstein; eiserne Brenner weiten sich beim Reinigen mehr und mehr aus, die Oeffnung wird nach und nach so gross, dass das Oelgas aus ihnen mit flackernder, endlich mit russender Flamme brennt. Der Normalbrenner ist der 1 cbf-Brenner mit 1,75 mm hoher und 0,1 mm weiter, geschlitzter Oeffnung. Grössere Brenner, 1¼ oder 1½ cbf, eignen sich nur für Laternenbeleuchtung; will man eine leuchtkräftigere Flamme für Beleuchtungszwecke in Gebäuden produciren, so bedient man sich vortheilhaft eines 32° Argandbrenners, dessen Oeffnungen 0,3 mm Durchmesser haben. Der kleinste anwendbare Brenner ist der ½ cbf und 1 Loch-Brenner. Beim Oelgas ist man an ganz bestimmte Regeln über die Grösse der zu wählenden Brenner gebunden.

½ cbf, 1¼ und 1½ cbf-Brenner erzeugen eine verhältnissmässig geringere Leuchtkraft als ¾ und 1 cbf-Brenner.

Auch 2 Loch-Brenner eignen sich für Oelgas und sind überall da anrathsam, wo Staub, fein zertheilte Stoffe, die Brenneröffnungen verstopfen. Die 2 Loch-Brenner reinigen sich immer von selbst durch den Gasdruck. Die Kleinheit der Oelgasflamme, deren angenehmes weisses, mildes, nicht blendendes

Licht macht selbst die Freibrenner zur Beleuchtung bei jeder Arbeit geeignet; nur wo man das Licht auf eine ganz bestimmte Stelle concentriren will, wird man Argandbrenner und Schirm anwenden. Dem Zuge ausgesetzte Flammen schützt man durch hohe Kelchglocken. Die Oelgasflamme ist sehr empfindlich gegen Luftzug, sie verlischt, solchem ausgesetzt, sehr leicht; man benutzt deshalb auch nur Laternen, deren Scheiben in Falzen liegen und deren Dach nur mit einigen Luftlöchern versehen sein darf; sobald die Oelgasflamme flackert, russt sie auch.

Zur Heizung ist das Oelgas bei genügender Luftzuführung, oder noch besser, Luftvermischung, vortheilhaft geeignet. Zu diesem Zwecke vereinigt man entweder eine Anzahl Bunsen'scher Röhrenbrenner oder mengt das Gas, vor der Verbrennung, unter Druck aus einem Luftbehälter; zur Löthung ist ein gleiches Verfahren nöthig, wenn man nicht einen einfachen Blasebalg benutzen will.

Zur Controle und zum Nachweis über den Gasconsum dienen Gasuhren, wie solche für Kohlengas angewendet werden. Bei der Wahl der Gasuhr nehme man für Oelgas viermal kleinere Uhren, als eine gleiche Flammenzahl Kohlengas nöthig macht; eine 60 flammige Oelgasuhr ist demnach gleich: einer 15 flammigen Kohlengasuhr. Zuverlässiger ist es, nach dem Trommelinhalt der Uhr, woraus sich die stündliche Passage berechnen lässt, zu bestellen. Die Uhr muss frostfrei aufgestellt werden und vor Stoss, Nässe etc. bewahrt sein; Umkleidung mit Holzkasten ist das zweckmässigste.

Mischgasanstalten.

Das Oelgas lässt sich mit allen Gasarten innig mischen und zur Verbesserung geringwerthigerer Leuchtgase vortheilhaft benutzen. Zu diesem Zwecke kann man das Oelgas in den Kohlengasretorten zugleich mit der letzteren Gasart erzeugen: man führt alsdann das Vergasungsöl in dünnem Strahl in die Kohlengasretorte, oder man erzeugt die beiden Gasarten in separaten Retorten und vermengt sie erst in der Vorlage. In gleicher Weise kann man Suinter- und Oelgas erzeugen.

Umwandlung von Kohlengasanstalten.

Bei der Einrichtung einer bestehenden Kohlengasanstalt für Oelgasfabrikation wird man, wenn jene Anlagen nicht gar zu veralteter, ungenügender Construction sind, lediglich andere — Oelgasretorten — benöthigen. Die Druckverhältnisse müssen für Oelgasbereitung geeignet regulirt werden, vor Allem aber muss eine sehr gründliche Reinigung der ganzen Gasfabrik, Apparate, Rohre, Gasometerrohre, Erdrohrleitung, vorausgehen, weil die Oelgastheere die Eigenschaft haben, eingetrocknete Condensationsmassen des Kohlengases aufzulösen, sodass alsdann fortwährende Verstopfungen den Betrieb stören.

Oelgasbeleuchtung der Eisenbahnzüge.

In Deutschland hat zuerst Pintsch Oelgas zur Beleuchtung der Eisenbahnwagen verwendet. Das Oelgas wird ganz wie früher beschrieben fabricirt, aber noch besonders gekühlt und alsdann in grosse Kessel durch ein Pumpwerk comprimirt; von diesen Kesseln aus, die nahe den Rangirgeleisen placirt werden müssen, werden kleine, unter jedem einzelnen Waggon befestigte Stahlblechkessel gespeist, in welchen das Gas auf 8 und mehr Atmosphären gepresst aufbewahrt wird. Ein besonderer Druck-reductor steht mit dem Kessel (Consumtions-Recipient) in Verbindung und speist durch eine Rohr-leitung, die im Innern der Waggons an der Decke brennenden Flammen. Die Einrichtung hat sich gut bewährt, und die allgemeine Einführung der Waggongasbeleuchtung kann nur eine Frage der Zeit sein. Geeignet ist zu diesem Zwecke nur das Oelgas, wegen seiner starken Leuchtkraft und seiner vorzüglichen Eigenschaften, sich unter hohem Druck und bei grosser Kälte nicht zu verdichten.

Bestimmung der Leuchtkraft des Oelgases.

Dieselbe erfolgt wie beim Kohlengas vermittelst des Photometers und dient als Normalbrenner der 1 cbf Speckstein-Schmitt-Brenner und der 32 ⁰ Argand-Speckstein-Brenner, als Normalkerze die des Vereins deutscher Gasfachmänner. Während beim Photometer das Auge die Bestimmungen vornimmt und deshalb übereinstimmende, absolut genaue Resultate nur schwer erhalten werden, kann man sich jetzt mit mehr Sicherheit der Lichtmessuhr bedienen; dieselbe ist aber nur für Argand-Brenner anwendbar.

Vergleichs-Rechnungen.

Eine Fabrik auf dem Lande in der Nähe von Leipzig will Gasbeleuchtung einrichten; die Fabrik benöthigt 200 Flammen und hatte bislang Petroleumbeleuchtung. Der Petroleumverbrauch hat sich belaufen auf:

200 Lampen à 700 Stunden Brennzeit à 15,1 g Consum
200 $\times$ 700 $\times$ 15,1 = 2114 à 40 Mk. . . . . Mk. 845. 60
Für Dochte, Cylinder, Unterhaltung, Reparaturen und Verzinsung per Jahr „ 200. —

                                                                      Mk. 1045. 60

1 Petroleumflamme von 15,1 g Stunden Consum entwickelt 3,2 Normalkerzen Leuchtkraft; der Lichteffect obiger 200 Lampen beträgt sonach 640 Normalkerzen; zu deren Entwicklung würden genügen

53 Oelgasflammen   à 28 l Stunden-Consum,
53 Kohlengasflammen à 150 l   „   „

Der besseren Lichtvertheilung wegen aber würde man eine grössere Anzahl Gasflammen von geringerer Leuchtkraft und Consum anbringen.

An Oelgas würde man benöthigen 700 Stdn. à 28 l $\times$ 53 Flammen = 1038 cbm.
„ Kohlengas   „   „   700 „ à 150 l $\times$ 53   „   = 5565 „

Bezöge man nun vorstehende 1038 cbm Oelgas aus einer öffentlichen Gasfabrik, z. B. aus der von Weissenfels, so würde man dieselben bezahlen mit (1038 cbm à 70 Pf.) . . . Mk. 727. 16
die Unterhaltung und Verzinsung der Rohrleitung mit Zubehör aber, circa 1500 Mk.
Anlagecapital à 8 pCt. . . . . „ 120. —

                                                                      Mk. 847. 16

Kohlengas aus einer öffentlichen Gasfabrik würde kosten (5565 cbm à 20 Pf.) . . . Mk. 1113. —
Unterhaltung und Verzinsung wie oben . . . . „ 120. —

                                                                      Mk. 1233. —

Wenn nun die fragliche Fabrik zur Erbauung einer eigenen Oelgasfabrik schreiten würde, so wäre ein Anlagecapital von circa 3500 Mark erforderlich.

Die Beleuchtungskosten würden sich in solchem Falle wie folgt calculiren:
1038 cbm Oelgas erfordern, da 50 kg gutes Vergasungsmaterial circa

27,5 cbm Gas produciren,
2,2 „ = 8 pCt. Oel- und Gasverlust und für Minderausbeute

25,3 cbm pro 50 kg effective Ausbeute.
41 Ctr. Gasöl à 8 Mk. . . . . Mk. 328. —
Fracht auf 41 Ctr. Oel von Halle bis Leipzig und per Axe
à Ctr. 60 Pf. = Mk. 24. 60.
Fasstage, die franco geliefert wird:
1 Fass enthält circa 300 Pfd. = 14 Fässer à 2,5 Mk. = Mk. 35.
Fracht wird sonach durch die Fasstage gedeckt.
Zur Unterfeuerung circa 50 Ctr. Steinkohle à 70 Pf. . . . . „ 35. —
300 Stunden Arbeitszeit à 25 Pf. . . . . „ 75. —
Unterhaltungskosten — auf 3 Jahre 2 Retorten, sowie Erneuerungen — per Jahr „ 60. —
8 pCt. Zinsen und Amortisation von 3500 Mk. . . . . „ 280. —
Reinigung vacat. — Theerproduction event. 20 Mk.

Oelgasbeleuchtungs-Jahreskosten . . Mk. 778. —

Die Anlagekosten einer Kohlengasanstalt würden betragen 5000 Mk. circa; die Kohlengasbeleuchtung aber aus eigener Fabrik würde sich stellen auf:

5565 cbm Gas erfordern (nach Abrechnung von 8 pCt. Verlust wie vorstehend, 12 cbm Gas-ausbeute auf 50 kg gute Gaskohle gerechnet):

464 Ctr. Kohle à 80 Pf.	Mk.	371.	20
circa 1300 Stunden Arbeitszeit à 25 Pf.	„	325.	—
Unterhaltungskosten — pro 3 Jahre 2 gusseiserne Retorten und Erneuerung	„	140.	—
8 pCt. Zinsen und Amortisation	„	400.	—
Für die Reinigung circa	„	50.	—
	Mk.	1286.	20

circa 40 Ctr. Coke-Ueberschuss à Mk. 1. 50 (weil nicht permanenter Betrieb
und bei täglichem Neuanheizen der Retorte ist die Cokeproduction nur
gering) . . . . „ 60. —

Kohlengasbeleuchtungs-Jahreskosten . . Mk. 1226. 20

Nach vorstehenden Berechnungen kostet also:

die Petroleumbeleuchtung	Mk.	1045.	60
die Oelgasbeleuchtung, wenn aus öffentlicher Fabrik	„	847.	16
„ „ eigener „	„	778.	—
die Kohlengasbeleuchtung „ „ „ „	„	1226.	20
„ „ öffentlicher „	„	1233.	—

Die Oelgasbeleuchtung ist demnach unter allen Umständen die billigere. Freilich wird man in dem vorbeschriebenen Falle die Beleuchtung bei Benutzung des Gases aufbessern, dann steigern sich die Gasbeleuchtungskosten allerdings; aber immer wird die Oelgasbeleuchtung nur um so viel theurer, als die Leuchtwerthe sich erhöhen; man wird also eine höhere Leistung nur verhältnissmässig theurer bezahlen. Kann nun das Oelgas schon in so kleinem Verhältniss und bei so geringem Gasconsum, wobei Zinsen und Amortisation annähernd so viel kosten, als die Kosten des Rohmaterials zur Gas-bereitung, Arbeit und Feuerung ausmachen, so fällt bei grösserem Gasconsum die ausserordentliche Billigkeit der Oelgasbeleuchtung noch weit bedeutender ins Auge — z. B.:

Eine Papierfabrik in der Lausitz mit Tag- und Nachtbetrieb benöthigt 350 Flammen und benutzte bisher Solaröl, wovon 15 g 2,8 Normalkerzen Leuchtkraft entwickelten. Von den vorhandenen 350 Lampen brennen:

250 pro Jahr 800 Stunden,
100 „ „ 3500 „

sonach in Summa Brennstunden:

550000 à 15 g = 8250 kg oder 1540000 Normalkerzen.

Vorstehende 8250 kg Solaröl kosten à 30 Pf.	Mk.	2475.	—
Für Cylinder, Dochte, Unterhaltung und Zinsen	„	400.	—
	Solarölbeleuchtungs-Jahreskosten . . Mk. 2875. —		

Zur Erzeugung der gleichen Lichtmenge sind erforderlich 3637 cbm Oelgas; deren Production in eigener Fabrik würde kosten:

143 Ctr. Oel à 8 Mk.	Mk.	1144.	—
150 „ Steinkohle à 70 Pf.	„	105.	—
circa 500 Arbeitsstunden à 25 Pf.	„	125.	—
Jahres-Unterhaltungskosten	„	100.	—
8 pCt. Zinsen und Amortisation von 8500 Mk. Anlagecapital	„	680.	—

Oelgasbeleuchtungs-Jahreskosten . . Mk. 2154. —

Aus einer öffentlichen Gasfabrik bezogen, würden obige 3637 cbm Oelgas kosten

à 70 Pf. . . . . Mk. 2545. 90

Unterhaltung, Zinsen und Amortisation für die Rohrleitung circa 3500 Mk.

à 8 pCt. . . . . „ 280. —

                    Oelgasbeleuchtungs-Jahreskosten . . Mk. 2825. 90

Steinkohlengas, zu demselben Zwecke aus einer öffentlichen Fabrik genommen, würde kosten:

19618 cbm à 20 Pf. Mk. 3923. 60

Unterhaltung und Verzinsung der Rohrleitung wie vorher . . . . „ 280. —

                Steinkohlengasbeleuchtungs-Jahreskosten . . Mk. 4203. 60

Bei der Selbstbereitung des Kohlengases:

1635 Ctr. Gaskohle à 80 Pf. . . . . Mk. 1308. —

Arbeitslöhne: 1 Gasmann per ³/₄ Jahr und ⎫

1 Hülfsarbeiter per ¹/₄ Jahr ⎭ . . . . „ 900. —

Unterhaltungskosten (jährlich 1 Chamotte-Retorte) und Erneuerungen . . . „ 200. —

8 pCt. Zinsen und Amortisation des Anlagecapitals von 11000 Mk. . . . „ 880. —

Für die Reinigung des Gases circa . . . . „ 120. —

                                                    Mk. 3408. —

140 Ctr. Gascoke-Gewinn à 1,50 Mk. . . . . „ 210. —

                    Kohlengasbeleuchtungs-Jahreskosten . . Mk. 3198. —

Nach vorstehender Berechnung kostet also:

Solarölbeleuchtung . . . . Mk. 2875. —

Oelgasbeleuchtung aus eigener Fabrik . . . . „ 2154. —

Desgl. aus öffentlicher Fabrik . . . . „ 2825. 90

Steinkohlengasbeleuchtung aus öffentlicher Fabrik . . . . „ 4203. 60

Desgl. aus eigener Fabrik . . . . „ 3198. —

Was nun die Rentabilität einer städtischen Oelgasfabrik anbelangt, so folgt hier die Jahresrechnung der diesbezüglichen Fabrik in Weissenfels von 1875 bis 1876:

Der Gasconsum hat betragen 72534,12 cbm à 70 Pf. . . . . Mk. 50773. 84

Theerproduction hat ergeben 1231,17 Ctr. incl. Fass à 1,50 Mk. . . . . . „ 1847. 47

Der Fassverkauf hat ergeben . . . . „ 2965. —

                            Einnahme in Summa . . Mk. 55586. 31

Die Herstellungskosten der Jahresgasproduction betragen

179352,5 kg Paraffin- und Creosotöl . . . . . . Mk. 19645. 81

Unterfeuerung 13800 Ctr. Braunkohle . . . . „ 4306. 15

                                Mk. 23951. 96

Betriebskosten, Erneuerung, Reparaturen,

Steuern, Assecuranz . . . . . . Mk. 4005. 38

Zinsen . . . . „ 6770. 63

Amortisation . . . . „ 3240. —

Arbeitslöhne, incl. 1 Gasmeister . . . . „ 3463. 7   Mk. 17479. 08   Mk. 42431. 04

                            mithin Netto-Gewinn . . Mk. 13155. 27

Das Anlagecapital hat betragen . . . Mk. 117390.
Die Ausbeute pro 50 kg Oel hat betragen . . . 20,30 cbm.
Der Verlust hat betragen circa 16 pCt. 3,24
pro 50 kg effective Ausbeute . . 23,54 cbm.

Die mitverarbeiteten Creosotöle reduciren die Ausbeute wesentlich; solche Oele geben ½ bis
⅓ Theil weniger und leuchtschwächeres Gas. Die Leuchtkraft pro 28 l Brenner hat betragen 13 bis
13,5 Normalkerzen, d. i. ein fünf- resp. sechsfacher Leuchtwerth des Steinkohlengases.

Die Productionskosten des Kohlengases in Städten ähnlicher Lage und industrieller Bedeutung
von Weissenfels haben nach den statistischen Zusammenstellungen des Vereins der Gasfachmänner der
Provinzen Preussen, Pommern etc. betragen: pro 1 cbm 12 bis 18 Pfennige; nehmen wir im Mittel
16 Pf. pro 1 cbm an, so ergibt sich, dass, während in Weissenfels 1 cbm Oelgas circa 58 Pf. Herstellungskosten bedang, die gleichwerthigen 5 cbm des besten Kohlengases 80 Pf. kosteten, dass also
die Productionskosten beim Oelgas 38 pCt. niedriger waren. Den Verkaufspreis anlangend, so entspricht
der Preis von 1 cbm Oelgas à 70 Pf. einem Preise von 14 Pf. pro 1 cbm Kohlengas; man verkaufte
demnach in Weissenfels das Gas um durchschnittlich 10 bis 15 pCt. billiger, als dessen Herstellung in
anderen Städten analog Weissenfels überhaupt kostete, oder wenn man das Kohlengas pro Kubikmeter
à 20 Pf. in andern Städten bezahlte, war die Oelgasbeleuchtung in Weissenfels 40 pCt. billiger. Nun
liegt allerdings Weissenfels für die Oelgasproduction sehr günstig inmitten der thüringischen Mineralöl-
industrie; allein dadurch wird lediglich eine Frachtersparniss bedungen, welche eine andere, für
solchen Fall ungünstiger gelegene Stadt durch höheren Gaspreis ausgleichen würde. So lässt sich
unbedenklich behaupten, dass die Oelgasbeleuchtung die billigste Gasbeleuchtung sei. — Wie weiter
vorn nachgewiesen, ist ferner die Oelgasbeleuchtung für Privatzwecke
um 50 pCt. billiger als Kohlengas aus eigener Privatanstalt,
„ 100 „ „ „ „ „ einer öffentlichen Fabrik.
Fabriken, die früher Kohlengasbeleuchtung besassen, werden das allseitig bestätigen.

Ungünstiger wird die Rechnung für Oelgas nur da, wo der Gasconsum sehr bedeutend, die Nebenproducte der Kohlengasfabrikation aber einen erheblichen Factor bilden.

Betriebs-Reglement.

1. Reinigung des Rostes, der Retorte, der Einschiebeplatte, des herausgezogenen Einhängerohres, des Retortenabgangsrohres vor dem Anheizen; sodann Einhängerohr einsetzen, mit Lehm unterstreichen damit es nicht festbrennt. Verschlüsse mit fein durchknetetem Lehm aufdichten, die Bügelschrauben mässig stark anziehen. Einschiebeplatte an vorderem Retortendeckel scharf ansitzen lassen. Vergasungsmaterial vorwärmen, flüssig halten. Vorlage und Wäscher mit Wasser füllen. Gasbehälterwassertöpfe auspumpen. Drahtgase über Oeleinlaufrohr - Trichter spannen.

2. Langsam anheizen, Feuer häufig, mit wenig Kohle beschicken zur Erhaltung von Flamme.

3. Beginn des Gasens erst wenn Retorte durchaus kirschroth (Mantel bei stehender Retorte hell orange), vorher Haupthahn öffnen.

4. Retorte gleichmässig glühend erhalten. Oeleinlauf so reguliren, dass Manometerdruck nicht höher als 4 Zoll (10 cm) steigt und Probirhahn bläulich-weissen Dampf ausströmt.

   Bei braunrothem Dampf aus dem Probirhahn ist die Retorte zu heiss oder der Oeleinlauf zu schwach, dann verbrennt das Gas in der Retorte; bei flockigem, milchweissem Dampf ist die Retorte entweder nicht heiss genug oder der Oeleinlauf zu stark, dann zu viel Theer.

5. Bei Betriebsstörung Oeleinlauf und Haupthahn schliessen, Probirhahn öffnen, nachsuchen ob Verstopfung vorhanden oder Gasbehälter klemmt.

6. Bei Feuersgefahr Gasbehälterwassertöpfe durch das Auspumprohr mit Wasser anfüllen.

7. Gasbehälter nur so weit anfüllen, dass er noch 12 cm eintaucht, bei Sonnenschein aber 20 cm.

8. Reinigungskasten handhoch mit Laming'scher Masse auf 2 Horden füllen, die Masse nach Bedürfniss (wenn schwarz geworden) erneuern.

9. Scrubber mit faustgrossen Coakestücken füllen, dieselben alle 8 Wochen erneuern.

10. Gasbehälter alljährlich theeren.

11. Reinigungsraum nie mit Licht oder Pfeife (Cigarre) betreten, nur von Aussen beleuchten.

12. Undichte Stellen an Apparaten, Gasbehälter oder Röhren nie ableuchten, sondern abseifen; undichte Stellen machen Blasen.

13. Nach Beendigung des Gasens — Oeleinlauf schliessen — ausgasen lassen, bis Manometerdruck unbeweglich, dann Haupthahn schliessen, Probirhahn öffnen. Retorten ganz abkühlen lassen, dann erst öffnen und reinigen. Alle 8 Tage Retorten in glühendem Zustand öffnen und ausbrennen.

14. Vergasungsmaterialien in Bassins oder in Fässern mit Erde bedeckt aufbewahren.

15. Die Laming'sche Reinigungsmasse.

   Man löscht Kalk mit nur so viel Wasser, dass er zu einer staubig-pulvrigen Masse wird, sichtet Sägespäne, etwa 1 Pfund (0,5 kg) oder weniger, auf ein gleiches Gewicht Kalk und löst auf je 1 Pfund Kalk ein Pfund Eisenvitriol (grünen) in Wasser auf. Der Kalk wird mit den Sägespänen eng vermischt (durchgemengt), und dieses Gemenge begiesst man alsdann mit der Eisenvitriollösung; das Ganze von Neuem durcharbeitend. In dieser Weise fährt man fort, bis die ganze Masse erhalten wird, die man benöthigt, und lässt sie dann an der Luft trocknen; nach 24 Stunden wird die Zersetzung vor sich gegangen sein; dann ist die Masse braun geworden und kann benutzt werden. Sobald die Reinigungsmasse im Reiniger schwarz geworden ist, muss sie erneuert werden; sie kann aber immer wieder benutzt werden; wenn man sie einige Tage der Luft aussetzt, dann regenerirt sich die Masse.

www.ingramcontent.com/pod-product-compliance
Lightning Source LLC
Chambersburg PA
CBHW081431190326
41458CB00020B/6166